現場で役立つ
PAが基礎からわかる本

ライブやイベントでの音響の仕組みから
マイク、スピーカー等の接続方法まで
PAの基本のすべて

目黒真二

もくじ

はじめに ………………………………………………………………………8

序章
なんでPAって必要なの？　～PA機器とエンジニアの役割～

PAという言葉 ……………………………………………………………12
音を大きくするということ ………………………………………………12
ただ増幅するだけではない「ボリューム」……………………………16
拡声器はPAになり得るのか ……………………………………………16
解決策としてのPA ………………………………………………………17
身近なPAセット「カラオケ」……………………………………………19
カラオケとPAの大きな違い ……………………………………………23
カラオケとPAの小さな違い ……………………………………………24
総　論 ……………………………………………………………………25

第1章
機器の解説と接続・その1
マイクなどステージ上の音を拾うもの

ケーブルや端子の原則 …………………………………………………28
マイクについて ……………………………………………………………33
ダイナミックマイクとコンデンサーマイク ……………………………33
ダイナミックとコンデンサーの使い分け ………………………………34
ダイナミックマイクの主なモデル ………………………………………36
コンデンサーマイクを使う楽器 …………………………………………38
コンデンサーマイクの主なモデル ………………………………………39
マイクの端子 ……………………………………………………………40
マイクフォルダ …………………………………………………………41

マイクフォルダとマイクスタンド	42
マイクスタンド	43
マイクスタンドの組み立て	45
マイクフォルダとマイクスタンドの装着	46
ケーブルについて	47

マイク以外の入力 …… 49

DI（ディーアイ）	49
DIとキャノンの関係1　〜バランス接続〜	50
DIとキャノンの関係2　〜インピーダンスを下げる〜	51
DIの定番機器	51
DIの接続方法	52
DIの接続方法の例外	54

ミキサーへ接続する方法 …… 56

マルチケーブルとコネクターボックス	57
マルチケーブルとコネクターボックスの信号の流れ	60
マルチケーブルとコネクターボックスの設置	62
マルチケーブルとコネクターボックスの接続	63

第2章
機器の解説と接続・その2　ミキサー

ミキサーとは	68
ステレオとモノラル、そしてサラウンド	70
ミキサーの設置場所	70
ミキサーの役割	71
PAミキサーの定番	72
ミキサーのモジュール別役割を覚える	74
インプットモジュール	75
入力端子	80
チャンネルの割り振り	82

ファンタム電源を使用するチャンネルに注意 86
アウトプットモジュール 88
アウトプットモジュールの端子 89
AUX（センド―リターン）モジュール 90
AUX はもう1つのミキサー 91
リターンしないじゃないかよ！ その1 93
リターンしないじゃないかよ！ その2 94
PRE（プリ）、POST（ポスト）について 94
AUX モジュールの端子と接続 97
その他のインプット、アウトプットについて 98
まとめられた信号たちはどこへ行くのか 99
プロセッサーとは 100
リバーブ 100
グラフィックイコライザー 101
コンプレッサー／リミッター 104
プロセッサー以降の信号の流れ 107
コネクターボックスのパラの意味 108
ホール送り 109

第3章
機器の解説と接続・その3　アンプとスピーカー

アンプ 113
アンプの役割 113
パワーアンプの電源 115
出た！ オームの法則！ 116
スピーカーが抵抗？ 117
ここでオームの法則登場 119
抵抗が少なくなるとどうなるか 122
パワーアンプの出力とスピーカーの許容入力 122

ミキサー側からの信号をアンプへ接続する …………123
コネクターボックスとメイン用アンプの接続 …………124
スピーカーケーブル …………125
電源スイッチを入れる …………128
パワーアンプとモニターの接続 …………129
ボーカルのフットモニターをパラる …………130

第4章
現場での操作と流れ

サウンドチェック …………135
ミキサーのフェーダーやツマミの位置 …………135
声でチェック …………136
リファレンスCDでのチェック …………138
スピーカーの位置を調整する …………139
モニター用サウンドチェック　その1 …………139

回線チェック …………141
チャンネルの操作 …………141
リバーブのチェック …………144

マイクアレンジ（マイキング） …………145
マイクアレンジの基本 …………145
マイクアレンジ＝マイクスタンドの操作 …………146
楽器別のマイクアレンジの手順 …………147
ケーブル整理 …………151
モニター用のサウンドチェック　その2 …………152

音作り～リハーサル …………154
ドラムの音作り …………154
ベース …………158
エレキギター …………159
キーボード …………160

バックだけで演奏 ……………………………………………………161
　　全体で演奏 ……………………………………………………………162
　　モニターへの注文を聞く ……………………………………………162
　　最終チェック〜リハーサル〜　アンプとコンプの設定…………163
　　本番前 …………………………………………………………………163
　本　番 ……………………………………………………………… 164
　撤　収 ……………………………………………………………… 165
　　撤収の手順 [1]　観客が帰るまで ……………………………………166
　　撤収の手順 [2]　観客が帰ったら ……………………………………166
　　撤収の手順 [3]　ステージ上の撤収 …………………………………166
　　撤収の手順 [4]　スタンド類の撤去 …………………………………167
　　撤収の手順 [5]　ケーブルを巻く ……………………………………167
　　積み込み ………………………………………………………………171

第5章
各章の補足

　　テープについて ………………………………………………………174
　　インピーダンスについて ……………………………………………178
　　デシベル（dB）について ……………………………………………182
　　ミキサーのEQについて ………………………………………………184
　　コンプについて ………………………………………………………188
　　PAとレコーディングの違いについて　その1 ……………………193
　　PAとレコーディングの違いについて　その2 ……………………196
　　スピーカーのマルチチャンネル化について ………………………198
　　モニターミキサーを別途用意する場合について …………………201

おわりに…………………………………………………………………… 204

はじめに

　小さいところならストリート、大きいところならドーム。どんな会場であれ、コンサートをやるには、PAというものが絶対に欠かせない。

　でも、このPAを本格的にやろうと思ってあれこれと調べてみると、さあ大変！　機材をたくさん揃えなくてはならないし、そして機材や電気の知識も必要。

　そして、なんといってもPAのことを本当に理解してないと、現場に行って戸惑うことになり、音が出ないし、バンドは演奏できない、観客は文句を言う……。

　こういう最悪の事態にならないためにも、PAというものを全体像として把握することが必要になるんだ。

　これまで、この本のような解説書や雑誌、ビデオ、DVDでもPAを解説しているものがたくさんあった。もちろん、それらのものは多いに役立つし、今後も参考にしてほしい。

　だけどこの本は、そういうものを見てもチンプンカンプン？　という人のために作られているんだ。

　つまり、機材の特性やら性能なんて、わかっていたって実際の現場では単なる知識で終わってしまい、トラブルが起きたりチェックができなかったりしたときには、何の役にも立たない。

「ああ、このアンプは○Ωでの駆動はハイが伸びるけど、ローがイマイチだね」

なんて言っていたって、実際に接続して音を出さなければ意味はないよね。

そこで、この本では、基本中の基本、たとえば「なんでミキサーが必要なのか」とか「なんでアンプがこんなにたくさん必要なのか」とか、そういう「なんで？」と思えるようなところを中心に解説している。

だから「○のメーカーの○というミキサーは、○チャンネルで○AUXで……」という機材の詳細については、最低限の説明しかしていない。でも、1つの機材の基本的な仕組みを把握すれば、あとはメーカーとモデルが違うだけでいくらでも応用できるハズ。

それに、いろいろな現場に出ればいろいろな機材を使わなければならないので、応用ができなければPAはできない、ということになる。

僕はギターの弾き語りだけのコンサート、カラオケコンサートからポピュラー編成でのクラシックイベント、そしてロックやポップスバンド、DJのクラブのイベントなどにエンジニア、プレーヤー、はたまた主催者として参加してきた。つまり、どの立場でもPAの経験がたくさんあるので、ただ「わからない」といっても、「いろいろな立場でのわからない」というのが「わかる」と思っている。

この本はPAエンジニアを目指す人だけではなく、バンドマンやコンサートを主催する人、そして、単純な音楽ファンにも読んでほしい項目がたくさん書いてあるので、ぜひ参考にしてもらいたい。

筆者

序　章

なんでPAって必要なの？
~PA機器とエンジニアの役割~

PAという言葉

　PAというのは、「Public Address（パブリックアドレス、大衆への伝達）」という英語の頭文字をとったもの。最近（とはいっても1980年くらいから）は、「Sound Reinforcement（音の増強）」という言葉から「SR（エスアール）」と呼ぶこともあるけど、どちらも意味は同じだ。

　プロの会話では単純に「音響」と呼ぶことが多い。
「今回、音響さんはどこが担当？」
「音響さん、音出してくださ〜い」
みたいなね。

　ほら、内輪では「さん」を付けるから、「PAさん」とか「SRさん」なんておかしいよね？　だから照明も「照明さん」なんて呼ぶ。

　結局、「PAとは何か」というと、イコール音響。そして何をするかというと、「音を大きくして、良い音で聴衆に届ける」くらいに覚えておけばいい。

音を大きくするということ

　音を大きくする、ということだけだったら簡単な話。増幅、つまり音を電気的に大きくしてあげればいいんだ。

序章　なんでPAって必要なの？〜PA機器とエンジニアの役割

ここで、こんな機械を取り上げてみた。誰でも見たことがあるハズ。

学校での朝礼や、選挙の演説などでおなじみの「拡声器（メガホンともいう）」だね。これも音を大きくするという意味では立派なPA機器ということになる。

拡声器の目的

どうして、拡声器が必要かというと、学校の朝礼の場合なら校長先生の話を全校生徒に聞かせるため、そして選挙演説の場合なら道行く人の足を止めて自分の政策を訴えるため、ということになる。

何百人という人に自分の話を聞かせたいときに、ただ喋っていただけではせいぜい目の前にいる数人の人にしか聞こえない。それを、声を大きくすることによって、遠くにいる人にまで声を届くようにし、結果的に多数の人に聞こえるようにしているのだ。

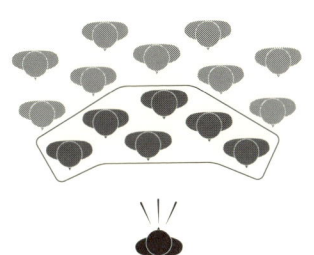
▲目の前にいる数人の人にしか聞こえない

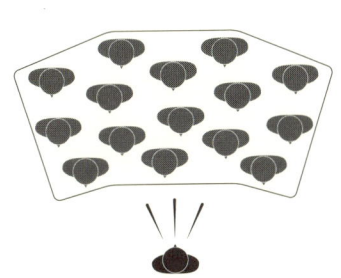
▲PAを使えば全体に対して音を聞かせることができる

拡声器の仕組みは PA と同じ

では、拡声器を分解（といっても本当には分解しないけど）してみると、どういう風になるかというと、次のようになる。

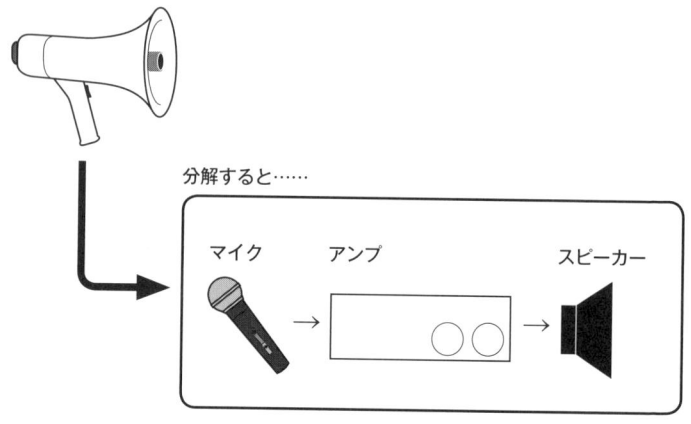

分解すると……
マイク　アンプ　スピーカー

おお、やっと PA らしい言葉が出てきたね。

まずはマイク。

「では、マイクって何？」ってことになる。「マイクはマイクじゃないか」という声が聞こえてきそうだけど、正確には「**声を電気信号に変換するもの**」ということになる。音を「電気的に大きくする」のだから、一度、音＝声を電気信号に変えなくてはならないからね。とにかくここではこう覚えておこう。

次はアンプ。

アンプは正式名称を「Amplifier（アンプリファイアー）」というのだけど、通常は略してアンプと呼ぶ。これは**増幅する機械**だ、ということだけ覚えておこう。マイクで電気信号に変えた声を増幅するということ。

そして、スピーカー。

これも「スピーカーって何？」ってことだけど、これは「**電気信号を音声に変換するもの**」ということになる。

つまり、

マイク→アンプ→スピーカー

という流れは、

声を電気信号に変換する（マイク）
⬇
変換した電気信号を増幅する（アンプ）
⬇
増幅した電気信号を音声に変換する（スピーカー）

ということになる。とにかく、音声が電気信号にならないとPAは成立しない、ということになるね。

ただ増幅するだけではない 「ボリューム」

そして、どれだけ増幅するかというのを調整するのが「ボリューム」というもの。拡声器にも付いているね。もちろん拡声器だけじゃなくてあらゆる音の出るもの、コンポやカーステ、そして携帯プレーヤーなどにも付いている。これがなくては、やたらと爆音で鳴ったり、小さくて聞こえにくかったりするからね。

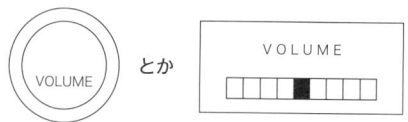

たとえばさっきの朝礼の場合でいうと、もし全校生徒が10人だったらボリューム3、200人だったらボリューム10、という風に音量＝増幅する度合いを調整する。

拡声器はPAになり得るのか

では、PAの準備は拡声器を用意して終了、というわけにはいかない。
第一に音が悪い。これはなぜかというと、拡声器というのは「単純に音を大きくする」のが目的だから。単純に音を大きくするには

余計なものを付けない、つまり音質にこだわらない、ということになる。マイクは最低限でも「声」を拾えばいいし、マイクとアンプとスピーカーはなるべく小さいもの（大きいと拡声器の中に入らない）になる。音を良くするための装置をなるべく付けないのが、拡声器の使命というかニーズになるんだ。

もしも絶世の美声のシンガーが拡声器でコンサートをしたとすると一晩で「ダミ声」シンガーの汚名を着せられることになるだろう。つまり、歌う人のパーソナリティをすべて無視してひたすら名前の通り「拡声」のために生れたのが「拡声器」なので、拡声器の音質を云々するのは妥当ではない。

第二に、拡声器では2人ないし複数の人が同時にしゃべることができない。マイクは口元に接近させなくてはならないし、そのマイクは1つしか装備されていないのが通常の拡声器だからね。

解決策としてのPA

そこで、登場するのが、本格的なPA装置ということになる。

本格的な、という意味の第1条件としては「良い音で」ということになる。まず、マイクはできるだけ省略しない「人間の声をできるだけ良い音で拾う」ものである必要があるし、アンプとスピーカーは多少大きくなっても拡声器のように手に持つ必要がないので、音質を重視できるものを用意する。

つまり、マイク、アンプ、スピーカーがそれぞれ独立したものになるのだ。

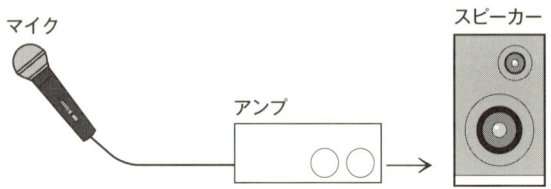

そして次の条件が「複数（ここでは仮に2人）の人が同時にしゃべれる（歌える）」ということ。これを実現するには、2本のマイクをPAに接続するための調整装置「ミキサー」が必要になる。

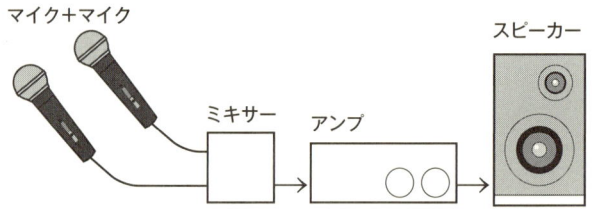

このミキサーはマイク同士の音量や音質を個別に調整したり、片方のマイクを使わないときにオフにしたりすることができるようになっている。

つまり、単純に音を大きくするという行為だけではなく、なるべく良い音でバランスよく鳴らす、ということを念頭に置いたものになる。この行為は単純に音楽や声を鳴らすだけではなく、「良い音のために調整」するということ。これはPAの基礎である「ミキシング（音を混ぜ合わせる）」という作業になるのだね。

身近な PA セット「カラオケ」

このセットでの身近なものがカラオケボックスの音響装置である。

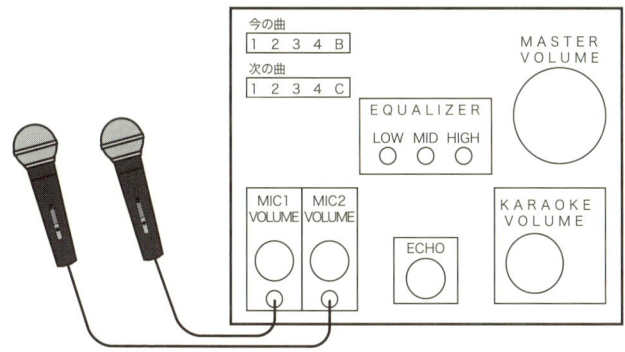

　図を見てわかると思うけど、2つのマイクのボリューム、エコー、カラオケ（伴奏）のボリュームや、音質を調整するイコライザーなどが付いている機械だ。「それぞれ独立したもの」という概念からははずれるけど、家のコンポとかカーステレオとはちょっと違う PA に近い装置だといえる。

　カラオケに行くと、ただ歌うだけではなく、その場に応じてけっこう PA の操作をやっていることになるのだけど、それをちょっと実況という形で示してみよう。「ああ、俺って意外と PA をやってるんだ」ということが確認できるハズ。

カラオケシミュレーション（PAの中の「ミキシング」操作）

　カラオケボックスで、カラオケがはじまる。まさに伴奏としてのカラオケが鳴りはじめて、それに合わせて歌う。

　ここで、伴奏のカラオケと歌とのバランスを取る必要があるね。カラオケが小さくて声ばかり聞こえても聞きづらいし、逆にカラオケの方が大きすぎると、歌っている人は常に大声で歌わなくてはならない。

　そこで、あなたは思うはずだ。

「マイクやカラオケのボリュームを調整しなくちゃ」 と。

　「それがミキシングだ！」

　そう、このカラオケという音声とマイクの音声のバランスを取ることがミキシング（あるいはミックス）という行為で、PAの第一歩なのである。カラオケのボリュームと歌のボリュームがちょうど良いバランスで聞こえるようにするのがPAエンジニアとしての仕事、というわけである。

　さらに選曲が進んで次はデュエットになり、もう1つのマイクが用意される。A君はかなり大きな声で自信を持って歌っている。B子さんは、声も小さくあまり自信がなさそうに歌っている。

　ここであなたは思うはずだ。

「B子さんのボリュームを上げなくちゃ」 と。

　「それがミキシングだ！」

　そう、今度は2つのマイクの間のボリュームを調整するこ

とになるが、これもミキシング行為ということになる。

　さらに選曲が進んで、次はC君がバラードを歌いはじめた。ただ、ちょっとC君は歌があまり上手ではなく、歌っているC君も聞いている方もなんだか雰囲気が出ない。
　ここであなたは思うはずだ。
「エコーをかけなくちゃ」と。
　「それがミキシングだ！」
　そう、歌の雰囲気、または歌手の技量によってエコーの量を調整することになるが、これもミキシング行為ということになる。

　さらに選曲が進んで、今度はD君が派手なロックを歌いはじめた。これまでの曲と違いカラオケの音量自体が大きく、D君もそのカラオケに合わせてがなりまくっている。歌とカラオケのバランスはいいのだけど、何せカラオケも歌もうるさい。
　ここであなたはこう思うはずだ。
「全体のボリュームを調整しなくちゃ」と。
　「それがミキシングだ！」
　そう、単純に複数の音のバランスを取るだけではなく、鳴っている全体の音を調整することもミキシング行為ということになる。

　さらに選曲が進み、次はE子さんが演歌を歌いはじめた。E子さんは、もともと声の質がキンキンと硬く、演歌の雰囲気になじまない。サビに向って感情が入りはじめ、高めの声質がさらに耳に痛くなってくる。

ここであなたはこう思うはずだ。
「イコライザーで高音を下げよう」と。

「それがミキシングだ！」

そう、声（だけではなく楽器も含む）の質をイコライザーで変えて、聞きやすいような音質に変えることもミキシング行為ということになる。

ここでまとめてみよう。
PA（ミキシング）とは、

□ **複数の音源の音量バランスを取る（ここではカラオケと歌、そして歌と歌）**
□ **エコーなどの装置を用いて、歌を聞きやすくする**
□ **全体の音量を調整する**
□ **音質を調整する**

ということになる。

もちろん、ここであげた順番というのは、カラオケが進んでいって気が付くことが多い順番で解説しているので、PA自体の手順とは異なっているが、カラオケという音響装置を使って楽しんでいるだけでも、実のところPAと同じ操作をおこなっているということになる。

ここで、拡声器で説明した仕組みと、基本的なPAの図に追加されたものがあるね。それは、エコーとイコライザー。おなじみのこ

れらは、2つとも音を良く聞こえさせるものだね。エコーはふくよかに響かせるもので、イコライザーは音質を調整するもの。これらは、ミキサーのところで調整できるようにする。つまり、

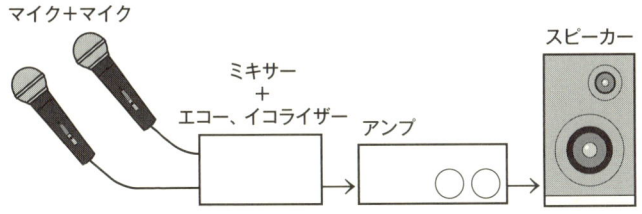

ということになるんだ。

カラオケとPAの大きな違い

カラオケであえて「PA機器」ではなくて「音響装置」という別の言葉を使った最大の理由は、
「あなたもカラオケを歌う」
ということ。
　あなたの順番が回ってきたら、当然歌うことになるだろうし、そのとき自分ではバランスがいいと思っていても、あなたの位置ではない人にとっては、聞き苦しいかもしれない。
　それに対してPAという場合には、エンジニアは必ず「第三者」

として、演奏者でも出演者でもなく「聴衆」の立場を貫き通す必要があるということ。聴衆の1人として冷静な判断で機器を調整し、聴衆が聞きやすいことを優先し、さらに演奏者が演奏しやすい／歌手が歌いやすい状況を作ってあげるのがPA（ミキシング）エンジニア、ということになる。

カラオケとPAの小さな違い

そして、カラオケボックスの音響装置と実際のPAとの小さな違いは、もちろん規模もあるが、機器の構成が異なっていることだ。

カラオケの場合には、誰にでも扱え、さらに設置や調整がラクにすむように、ミキサーからアンプ、そしてエコー装置までがすべて1つの機械に収まっていることがほとんどである。つまり、扱う人はマイクがカラオケ装置に接続（最近はワイヤレスマイクが主流だが）されていれば、とりあえず音が出る仕組みになっているのだ。

PAでは、すべてがセットになっている「オールインワンタイプ」ももちろん存在するが、基本的にはミキサー以下の機材は単一の機能のみになっている。ミキサーはミキサー、アンプはアンプとして独立している。これは、現場会場に合わせてチョイスする、ということもあるが、どれか1つ故障したとしても、そこだけ代わりの機

材を調達することで間に合わせることがあるからだ。もし、カラオケの音響装置のどこかが故障した場合、装置全体を修理に出さなくてはならないが、PAのようにバラバラの機能のものなら、どれか1つを交換するだけですぐに対応できる。この辺もより本格的なPAという形態ということになる。

総論

ここまで拡声器の話からカラオケボックスの状況説明までを解説してきたのだけど、要するにPAというのは非日常的な特殊行為ではなく、「音楽を楽しむ」という状況では誰でもいくらかの関わりを持っており、それをより専門化／フレキシブルな対応化をしている、ということを理解してほしい。

そして、重要なのは信号の流れをきちんと把握する、ということはもちろん、PAでは機材だけが頼りなので、カラオケボックスでのように、はしゃいでマイクを振り回して落としたり、酔っ払ってスピーカーを蹴飛ばしたり、というような、機材を粗末にする行為は絶対にしない、ということも覚えておいてほしい。

第1章

機器の解説と接続・その1
マイクなど
ステージ上の音を拾うもの

序章を読んだ人はPAの基礎的な事柄について、そしてカラオケとの違いについてはわかってもらえたね。それらを踏まえたうえで、この第1章では、ステージで音を拾うものについて解説するよ。

　ステージで音を拾うといえば、まず思い浮かぶのが「マイク」。PAはこれがないとはじまらないのだけど、ここではまず、そのマイクも含めた機器類をつなぐケーブルについて解説する。特にPAでは、さまざまな機器が入り乱れるので、機器同士を接続するケーブルについてまず学んでおかねばならない。「いきなり地味なケーブルか……」と思うかもしれない。でも、機器のこともちろん重要だけど、どんなケーブルをどこにどう接続するかを知らなくちゃ現場にさえ出られないからね。

ケーブルや端子の原則

　ここで世界的に共通している法則、というか決まり、さらに違う言葉でいえば「常識」ということを学んでおこう。
　何せPAというのはたくさんの機器を組み合わせて使うものだから、ある一定の決まりと常識で判断できる基準がないと、PAを設置するときに混乱が起こる。これは設置する方だけではなく、出演する人にもいえる考え方だ。

入出力の法則 ① キャノン端子の場合

まずは入出力の法則。

信号をやり取りしていくわけだから、各機器は別の機器に接続されていく。信号が入ってきたら、それを何かしらの処理をして次の機器へ送るためにケーブルを使う。

このとき機器によって装備されている端子の形が違う。一般的にPAで使われることが多いのは「キャノン」という端子。この端子の詳細は後述するとして、機器側の端子は、

「出ていく方（出力）はオス、入ってくる方（入力）はメス」

という大原則を覚えておいてほしい。

ケーブルも当然オスの反対はメスになっている。

オスは出っ張っている方、メスは引っ込んでいる方というのはわかるよね。

▼機器側の端子　　　　　　　　　▼ケーブル側の端子

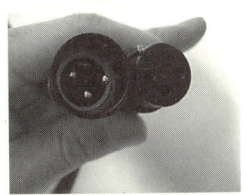

「MIC」と書いてあるのが入力なのでメス、
「MAIN OUTS」は出力なのでオスになっている

現場でケーブルを接続するのに、いちいち機器の端子のオス／メスを確認していたのでは時間がもったいない。おまけに、オスとメスが逆だったら、せっかく長いケーブルをはわせても、またやり直しになってもっと時間がもったいない。現場は時間との勝負！　これはホントに覚えてね。

　もちろん、状況や設置の都合で例外はあるのだけど、基本さえまず覚えておけば、その例外にぶち当たったときに「ここは特別なんですね〜」とごまかすことができる。何もわかってないで間違えるのと、原則にのっとって間違えるのとでは、周りの見る目が違うからね。

入出力の法則 ②　フォーン端子

　フォーン端子の場合には、機器側の端子は「入ってくる方も出ていく方もメス」になっている。

　フォーン端子は電子／電気楽器に使われるのと同じ形状だから、わかっている人には当たり前だと思うけど、オスの端子は先が長いので、機器側にオスの端子が付いていたら邪魔でしょうがない。

　つまり、フォーンのケーブルの方はオス－オスになっている。

▼電子／電気楽器で多い「フォーン端子」　▼ケーブル側のフォーン端子（オス）

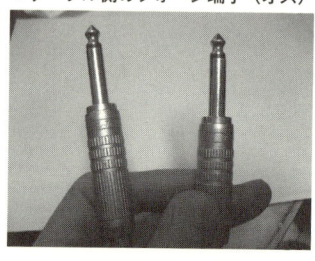

あなたがエレキギターやベース、シンセなどを演奏していればなんてことのない法則だけど、アコースティック楽器一筋だった人やボーカルだけやっていた人は知らないことかもしれないので、これも覚えておくこと。

入出力の法則 ③ ケーブル付き／なし

そして、これは判断に迷うときがあるかもしれないけど、

「基本的にマイクをはじめ機器のケーブルは取り外せる」

ということ。何を言ってんだ、それくらい知っているよ、という人もいるかもしれない。PA を少しでも知っている人の常識では、マイクとケーブルは別々のもので、それぞれを接続して使うモノ。

ところが、実際にケーブル付きのマイクを現場に持ち込んで、
「これ私専用の"マイ・マイク"なんで、これを使ってください。高級品で〇万円もしたのだから、取り扱いは慎重にね。」
なんて歌手（ほとんどが"志望"）の人から渡されることもある。これは製造工程で、取り外せるような端子を装備させるよりも、ケーブルを直接くっつけた方がコストダウンできるとか、マイクを買ってケーブル別売りだと困る初心者の人のために、といった理由で付けられていることが多い。したがって、これらは PA 向きではないし（第一、端子が違う場合が多い）、プロの現場で使えるような想定で作られていないということになる。もっといってしまえば、家庭用のカラオケでしか使えないものだ、ということ。

ただし、これも例外があって、小型でマイク専用の端子が取り付けられないものや、ケーブル自体がそのマイク専用のものは、はじめからケーブルが取り付けられているものがある。その場合も、それらのケーブルの端子がキャノン端子になっているのでわかるハズだ。これももちろん出ていく方だから「オス」になっている。

▼マイクにケーブルが付いたいわゆる「家庭用」のマイク

▼マイクそのものが小さいので、プロ用といえどケーブルが付いているもの。ただし端子はプロ向けのキャノンになっている

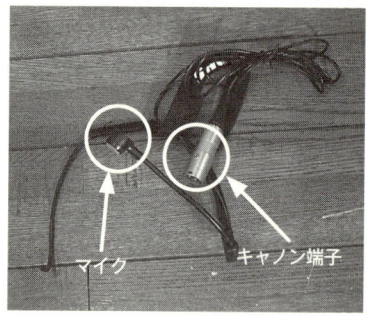

第1章 機器の解説と接続 その1 マイクなどステージ上の音を拾うもの

マイクについて

　さあ、やっと本題にたどりついたね。

　マイクは序章で「声を電気信号に変換するもの」と解説した。この電気信号に変換する方法には、大きく分けて2つの方法がある（大きく分けてとはいったものの、これはあくまでPA上の考え方で、専門的な分野、電気回路的に考えるともう少し多い）。そのことから、PAで使うマイクは2つのタイプに限られてくる。

　1つはダイナミック型、そしてもう1つはコンデンサー型。

　まずは、2つの特徴を学ぼう。

> ● COLUMN
> 　正確には、マイクのタイプには、「ダイナミック」「リボン」「カーボン」「コンデンサー」「エレクトレットコンデンサー」などのタイプがある。この中で「リボン」「カーボン」は、レコーディングスタジオでしか目にしない特殊なものと考えておいていいだろう。

ダイナミックマイクとコンデンサーマイク

　ダイナミックとは、前述した通り電気信号への変換方法の1つで、ダイナミック型の特徴としては、

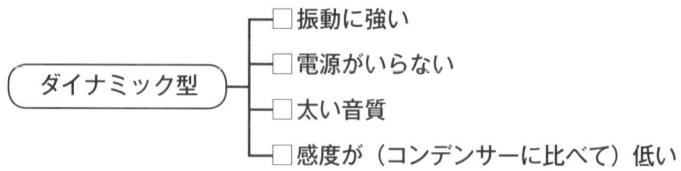

という点が挙げられる。

では、コンデンサー型の特徴はというと、

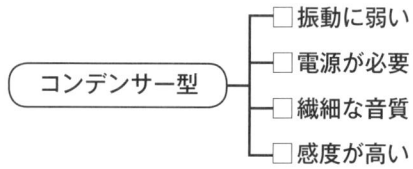

という点だね。

ダイナミックとコンデンサーの使い分け

コンサートというのは、レコーディングスタジオのような閉鎖された防音がきっちりしてあるところとはまったく異なり、振動と雑音（別の楽器からの音も含む）だらけの場所でおこなわれるので、ステージ上の音を拾うには、ダイナミック型を使うことが多くなる。

第1章　機器の解説と接続　その1　マイクなどステージ上の音を拾うもの

　それに対してレコーディングのとき、特にボーカルを録音するときは感情表現や歌詞の伝達、抑揚を出すために、コンデンサーを使うことが多い。

　ただ、振動に弱くてしかも感度が高いから、息継ぎの雑音（ブレスノイズ）やら、マイクを持つ手の振動による雑音（ハンドリングノイズ）、そして声の特定の周波数によるノイズ（ポップノイズ）やらを全部拾っちゃってくれるわけだ。レコーディングでは、これらの対処を施したうえで録音するので問題ない。

　また、コンデンサーマイクには「ファンタム電源」というコンデンサーマイク専用の電源（38ページ参照）が必要なので、それらのケアも必要になってくる。

　PAにとって、これらはまったく迷惑千万な話なので、当然ボーカルにもダイナミックを使う。

　PAでコンデンサーマイクを使うのは、ドラムセットの中でもシンバル類の高域をきちんと拾う、という場面に限られてくる。あるいは、高感度の特性を生かして会場全体の音を拾う場合に使われることもある。

　いずれにせよ、PA現場で中心として使うマイクはダイナミックタイプになるということを念頭に置いておこう。

ダイナミックマイクの主なモデル

Shure（シュアー）　SM58、57

　ボーカル用としてSM58（通称"ゴッパー"）、そして楽器用としてSM57（通称"ゴーナナ"）」という2つが代表的なモデルだ。この2つさえあれば困ることはない、というくらいの定番中の定番。
それから、BETA（ベータ）シリーズという新し目のモデルもよく使われる。

SENNHEISER（ゼンハイザー）　MD421 II

　MD421 II（通称"クジラ"）もダイナミックマイクの定番のうちの1つ。ドラムではバスドラムとかフロアータムなど低域が多いパーツに使われることが多い。

AKG　D112

　AKG（正式名称は「エーケージー」で、現場では通称「アーカーゲー」または「アカゲ」と呼ばれることも多い）のD112はバスドラムによく使われるマイク。形を見ただけで、太い音で拾えそうだ、という感じがするね。

　この他にもたくさんマイクは定番があるんだけど、マイクは特別な機器というわけではなくて、そのマイクが持つ音質（キャラクター）と扱いやすさでチョイスすることが多いので、使われる場所もおのずと決まってくるから、慣れてくれば「これはここへ使うのだろうな」という予想もついてくるはず。

　たとえば、

☐SM58はボーカル、コーラスへ
☐SM57はギターアンプ、スネア、アコースティックギターへ
☐BETA56Aはタムへ
☐MD421はバスドラムまたはフロアータムへ
☐D112はバスドラムへ

という感じになる。

コンデンサーマイクを使う楽器

　高域をきちんと拾える、ということでドラムのシンバル類をかなり上から狙う（"オーバートップ"、とか単純に"トップ"で拾う、なんていう）。このオーバートップというのは文字通り上から狙うので、ドラムの上からシンバルとドラム全体を狙うことが多い。

　また、ハイハットもビートのキレをきちんと拾うために、コンデンサーマイクが用いられる。

> ● COLUMN
>
> **前**述の通り、コンデンサーマイクには48ボルトの電源が必要で、これを「ファンタム電源」と呼ぶ。なんで、単純に「電源」と呼ばずに「ファンタム電源」というかというと、この「Phantom」とは、「幽霊、実在しないもの」という意味の英語。実際にこの電源を供給するのには、ミキサーに付いているファンタム用電源スイッチをオンにするのだけど、どこにも電池がないし電源用のケーブルも見えない。そこからこう呼ばれているのだね。
>
> 　ちなみにあの有名なミュージカル「オペラ座の怪人」の原題は「The Phantom Of The Opera」。この「Phantom」と同じだ。

第1章 機器の解説と接続 その1 マイクなどステージ上の音を拾うもの

コンデンサーマイクの主なモデル

コンデンサーマイクでよく使われるのは、AKG C451Bというタイプ。これは「シゴイチ」なんて呼ばれている定番のコンデンサーマイク。オーバートップにも、ハイハットにもよく使われる。

また同じくAKGで、C414B XL-Ⅱというタイプもオーバートップでよく使われる。

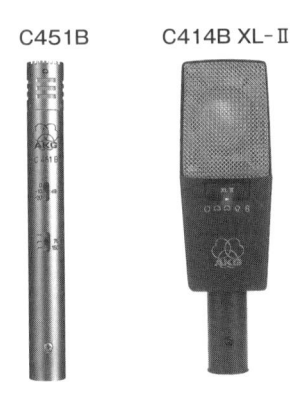

C451B

C414B XL-Ⅱ

とにかくコンデンサーマイク全般にいえることだけど、感度が高いということは、振動に敏感ということだから、くれぐれも扱いには注意する。現場でちょっと置いておくつもりが、転がって落ちたり何かの下敷きになったりすれば割とすぐに壊れてしまう（コンデンサーだけじゃなくてダイナミックだってそうだ）。

また、湿気にも弱いので保管の場所にも注意する。できればカメラのレンズを保管するための保管庫や除湿材入りのケースに入れるといい。

マイクの端子

　ここで一度端子を確認しておこう。

　SM58を裏から見るとこのようになっている。法則通りオスだね。ここにキャノンケーブルのメスを接続する。

▼ SM58の裏側
　キャノン端子オス

▼ キャノンケーブルのメス

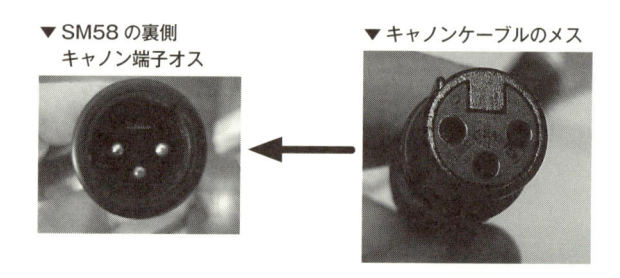

　マイクに付いているキャノン端子というのは、接続するときに「カチッ」と音がする仕組みになっているので、確実に接続できているかを確認できる。

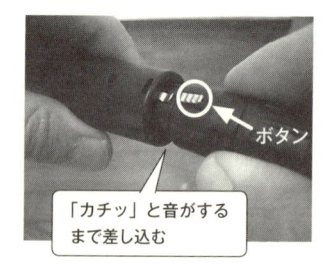

ボタン

「カチッ」と音がするまで差し込む

　逆にはずすときには、ボタンを押し込まないとはずれないようになっているんだ。つまり、本番中に何かの拍子ではずれないようになっているというわけ。これは、ダイナミックでもコンデンサーでもマイクの接続で共通することなので、覚えておこう。

　ただし、この端子を接続する作業は、マイクを扱う際に最後の方

第1章 機器の解説と接続 その1 マイクなどステージ上の音を拾うもの

になる。最初に端子のついたケーブルを接続してしまうと、ステージ上には接続の終わっていないケーブルだらけになってしまうからだ。

マイクフォルダ

　マイクはボーカリストが手で持って歌うとき以外は、マイクスタンドに設置される。このマイクスタンドに設置するために必要なのがマイクフォルダというもの。一般的な形は、Shure製のものを指すことが多いのだが、実際にはマイクごとに微妙にフォルダの形状が異なるので注意する。

　たとえば、前述のMD421は専用のものでないと装着できないようになっている。たいていのPA会社では、マイクとマイクフォルダは同じ入れ物に入っているので、あまり悩むことはないと思うが、それでも形状だけは確認しておく必要がある。

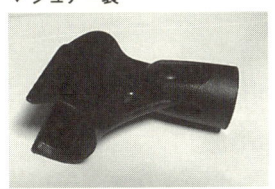

▼シュアー製　　　　　　　▼ゼンハイザー製（MD421用）

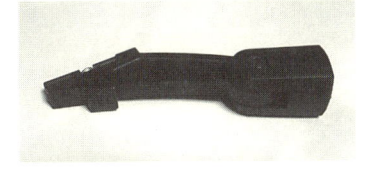

COLUMN

マイクフォルダがマイクにではなく、マイクスタンドに装着した状態で収納しておく PA 会社も稀にある。が、僕は大反対である。なぜなら、マイクフォルダは非常に頑丈にできているとはいえ、形状は割りと繊細なのだ。

装着した状態のままマイクスタンドのケースに入れておくと、運搬の際にスタンドとぶつかり合って、端がどんどん欠けていく。見た目には大丈夫でも、マイクをホールドする力が徐々に減っていって、本番でマイクが落下する恐れがあるからだ。

マイクフォルダとマイクスタンド

マイクフォルダは、マイクスタンドに装着されるが、このときフォルダのネジの口径とマイクスタンドのネジの口径が一致していなくてはならない。これには口径に関する規格があって、5/8 インチや 3/8 インチなどがある。

PA 会社で統一して揃えておくものなので、あまりシビアに考えなくてもいいのだが、機材が足りなくて他の業者や友人に借りたりした場合に、現場で「合わない！」ということも起きる。これは、変換アダプターを使って変換する。

▼変換アダプター

第1章 機器の解説と接続 その1 マイクなどステージ上の音を拾うもの

マイクスタンド

　マイクスタンドには、大きく分けてストレートとブームという2つの種類がある。ストレートは文字通り、スタンドの底から頭までがストレートになっている。ブームは、途中で角度を付けられるようになっている。角度を付けられると、楽器を演奏する場合にスタンドが邪魔にならないという利点がある。

　定番のモデルはK&M（ケーアンドエム）の201（ストレート）と210（ブーム）。

▼ブームスタンドとストレートスタンド

● COLUMN

ちなみに、マイクスタンドのメーカーはそんなにたくさんあるわけではない。また遠くから見たらどれがどのメーカーか、なんていうのはあまり区別がつかないのだが、僕としてはやはり K&M 社が、一番信頼がおけると思う。

フリーの立場で現場に入ったり、プレーヤーとしてステージに上がったり、あるいはクライアントとして状況を見に行ったりして、そこに別のメーカーのものが混じっているとちょっとドキドキしてしまう。けっこうどうでもいいように思われがちなグッズなのだが、途中でネジが緩んでマイクが下がってきたり（昔の漫才のネタじゃねーんだっての！）、そもそもネジがバカになっていたりすることが多い。

だから他の機器はスゴイものを持っていても、マイクスタンドに金をかけないなんていうのは、ちょっとどうかと思うのだが。

ブームとミニブーム

またブームには通常のブームとミニブーム（またはショートブームともいう）という2つのタイプがあり、ミニブームは文字通り小さいブームスタンドである。これも定番は K&M の 259 というタイプだ。これは、バスドラムやギターアンプなど比較的低い位置に設置するときに使用する。

▼低い位置の楽器を狙うのに使われるミニブーム

ステージ上で楽器や歌にどのスタンドを置くかは、明確には決まっていないものの、ほぼパフォーマンス上の理由と楽器や機器の位置によって割り振られることが多い。

たとえば、ミニブームは低い位置の楽器に使うので、バスドラム、スネアドラム、ギターアンプ、アコースティックギターなど。

通常のブームは高い位置の楽器に使い、さらに角度を付けられることから、
楽器を弾きながらのコーラス、メインのボーカル、ドラムのシンバル類を上から狙うオーバートップなど。

ストレートは高い位置で、しかも楽器が邪魔になることは考えなくてもよいので、楽器を弾かないボーカルやコーラス、司会など。

……というように考えればいいだろう。

マイクスタンドの組み立て

マイクスタンドは通常、折りたたんだ状態でケースなどに収められている。これは現場に行ってステージ上やステージ脇で組み立てる。注意としては、

☐ **倒れない、傾かないようにしっかりと各ネジを締める**
☐ **特に三脚の中央から軸が床につかないようにする**

という点である。軸が床についてしまうと、ステージ床の振動を拾い、ノイズが乗ってしまうからだ。

中央の黒い軸が床につかないようにする

マイクフォルダとマイクスタンドの装着

マイクスタンドの組み立てがすんだら、マイクフォルダを装着する。マイクのところで説明した通り、マイクとマイクフォルダは同じ入れ物に入っている。よって、手順としては、マイクをマイクフォルダに装着し、そのあとマイクスタンドに装着することになる。

つまり、マイクが付いたマイクフォルダをマイクスタンドに装着するのだが、このとき絶対に、

「マイクとマイクフォルダの方を回して装着しない」

こと。つまり

「絶対にマイクを回さない！」

のだ。これは、PAの現場では大原則で、マイクの方を回していると何かの拍子で落としてしまうことがあるからだ。マイクを落とすな

んていうことは、エンジニア／スタッフとしては最悪のこと。これは必ず守って欲しい。

マイクとフォルダを左手に持った状態で、スタンドの軸を回して装着する、ということを覚えておくこと。

▼左手でマイクとマイクフォルダをしっかりと握り、右手で軸の部分を回して装着する

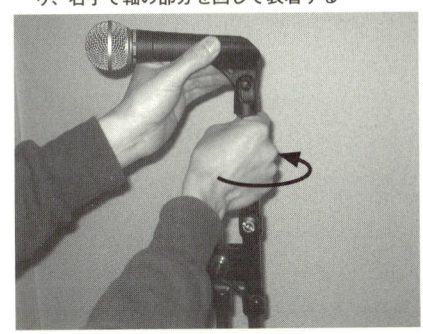

マイクとマイクフォルダ、そしてマイクスタンドが装着できたら、ケーブルを準備する。通常は、マイクの置く位置（楽器）によって、相応の長さのケーブルを用意し、スタンドの高さを調整するネジの部分にかけておく。どの長さのケーブルを使うかは、もちろん位置にも関係しているが、特にメインのボーカルのようにマイクを持って動くことが予想される場合には、十分な長さのケーブルを用意する必要がある。

ケーブルについて

ここでマイクへ接続するケーブルについて学んでおこう。

マイクは前述の通り「キャノン」という端子が使われているので、

ケーブルも当然キャノン端子が付いたケーブルを使う。これを「キャノンケーブル」ということもあるのだけど、実際には「マイクケーブル」といわれることの方が多い。

マイクケーブルの片側はメス、そして反対側はオス、というようになっている。これは出ていく方がオスで入ってくる方がメス、という冒頭で解説した原則通りになっている。つまり、マイクケーブルのメスにマイクを接続して、その先（反対側）はオスになって、接続する先はメスになっているということ。

ここで「マイクケーブルはキャノン端子になっている」というけれど、なぜキャノンになっているかを考えるとけっこうメンドウな話になってくる。詳しくは50ページのDI（ディーアイ）の項目で説明しているので、よく理解したい人はそちらを先に読んでほしい。

● COLUMN

「キャノン」というのは正式名称ではなく、この端子の製造元のメーカーの名前。正しくは「XLR（エックスエルアール）」端子という。ちなみにオスが「XLR-3-12C」、メスが「XLR-3-11C」という。

でも、現場で、
「おーい！　XLR-3の11Cのケーブル用意してくれ！」
なんて誰も言わない。
「おーい！　キャノンのオスのケーブル用意してくれ！」
と言うだろうね。

よって、この本でも「キャノン」という名前で統一する。

第1章 機器の解説と接続 その1 マイクなどステージ上の音を拾うもの

──────── マイク以外の入力 ────────

　ステージ上のたいていのものはマイクで拾う。ギター、ボーカル、ドラムなんかは全部マイクで拾うのが原則。

　でもそうじゃないものがある。電子楽器、つまり電子ピアノ、キーボード、シンセサイザーなど。そして、エレキベースもマイクで拾わない。どうしてマイクで拾わないかというと、その方が「きれいな音でミキサーへ送れる」から。
　もちろん、例外があって、キーボードアンプやベースアンプにマイクを立てて音を拾う場合もあるんだけど、それはたとえばプレーヤーが「このアンプ本来の音じゃないとダメ！」という場合のみになる。こういう主張（ワガママ）が言えるようになるには、それ相当の立場（＝売れる、メジャー、主催者）になる必要がある。

DI（ディーアイ）

　……で、マイクで拾わないで何で拾うかというと、そこに登場するのが「DI（ディーアイ）」というもの。正式名称は「Direct Injection Box（ダイレクトインジェクションボックス）」。これは「楽器をミキサーへ直接接続するためのもの」と覚えておこう。

DIとキャノンの関係1
〜バランス接続〜

　ここでマイクの項目で、なぜキャノン端子のケーブルを使うのか、という回答になるのだけど、キャノン端子を見ればわかるとおり、接続の穴（メスの場合）は3つ付いている。これは3つのピンだから「3P（サンピー、またはサンピン）」と呼ぶ。

　単純な電気の話でいうと、電流が流れるのは＋と－の2つですみそうなのに3つ付いているのは、ノイズを軽減するための処置なんだ。＋と－、そしてグランド（正確には、ホット、コールド、グランド）という3つの回路（実際にはただの線なのだが）を使って信号を送ると、ノイズの少ない状態で送ることができるんだね。

　この3Pで送ることを「バランス接続」という。つまり、マイクなんかはノイズの少ない状態で送れるように、あらかじめバランス接続＝3Pのキャノンケーブルで接続する仕様になっているというわけ。

　でも、電子楽器やエレキベースなどに付いている出力端子（アウトプット、Output）は、フォーン端子による2P（ニピー、またはニピン）のバランスじゃない（＝アンバランス）接続なんだ。これを3Pでバランス接続にして送るためには、「DI」が必要になるんだ。

第1章 機器の解説と接続 その1 マイクなどステージ上の音を拾うもの

DIとキャノンの関係2
～インピーダンスを下げる～

またその他にもDIには役割があって、「インピーダンスを下げる」働きがある。
「は～？ なんじゃ？ インピピピピ……ダンス？」
と言う声が聞こえてきそうだけど、これはまた電気学的な言葉なんだね。詳しくは第5章で解説するけど、今の段階では「PAで流す信号はなるべく低いインピーダンス（"ローインピーダンス"とか"ローインピ"）にする」という鉄則があって、それを守るためにはインピーダンスを下げるための機器が必要、ということだけ覚えておこう。

DIの定番機器

DIには、レコーディングスタジオでもPAでも定番として、CountrymanというメーカーのType85がある。僕はベースプレーヤーでもあるので、DIはこれじゃないと嫌だ！ と言ってしまう。これは非常にクセのない素直な音でエンジニアとしても信頼できる製品だ。また、シンセサイザー／キーボード向けには、BSSというメーカーのAR-133というモデルが使われることが多い。

▼ Type85　　▼ AR-133

DI の接続方法

　DI の役割はわかったとして、その接続方法を学んでおこう。ここでは Type85 で説明する。

　まず、キーボードや電子ピアノなどは、出力端子から DI の「INST（インスト、インストゥルメント＝楽器）」端子へつなぐ。

　そして DI の「MIC OUTPUT」からキャノンケーブルでミキサーへと接続する。

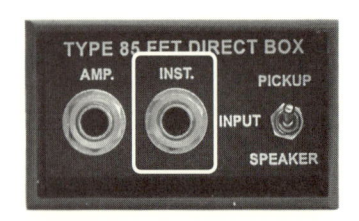

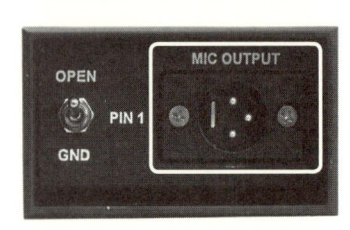

ステレオ仕様の楽器（キーボードなど）の場合、当然ステレオ分（LR）の2つDIが必要になる。さらに、キーボードを2台使うような場合にはその2倍だから計4台必要だね。これ以上になったら小型ミキサーを用意して、一度音をまとめてからPA用のミキサーへ音を送ることになる（55ページ参照）。

ベースの場合には、ベースアンプを自分の演奏を聞くためのモニターとしても使うから、ベースアンプにも送らなくてはならないので、ベースアンプへは「AMP」からフォーンケーブルを使って接続する。アンプと接続するとこんな感じになる。

▼「AMP」端子からフォーンケーブルを使ってベースアンプへ信号を送る

DIの接続方法の例外

　ベーシストはベースアンプを使ってモニターできて、キーボーディストは自分の音がモニターできんのか！　と怒るキーボーディストもいるかもしれない。通常の現場では、足元に置くフットモニターというスピーカーでモニターできるようにするんだけど、それだけでは不安というキーボーディストもいる。それから、キーボードが3台以上の場合その分DIを用意すると、キーボーディストの足元はDIだらけとなってしまう。

　こういうような場合には、キーボード専用の小型ミキサーを用意する。まずは複数のキーボードをこのミキサーへ接続して音をまとめておいてから、PA用のミキサーへ送るんだ。小型ミキサーの出力端子がキャノンであれば、DIはいらないのでこれがラク。もしも小型ミキサーがキャノンの出力ではなくフォーン端子の場合には、この出力端子からDIに接続すればよい。

　さらに、キーボードだけのモニターとして、この小型ミキサーのメインの出力端子ではなく補助的な出力端子（メインに対して"コントロールルーム（CONTROL RM）"または"サブアウト（SUB OUT）"ということもある）から、キーボード専用のモニタースピーカーへ出力すればよい。

第1章 機器の解説と接続 その1 マイクなどステージ上の音を拾うもの

◀ステージで邪魔にならないような小型ミキサーでキーボードの音をまとめてからPAのミキサーへ送る

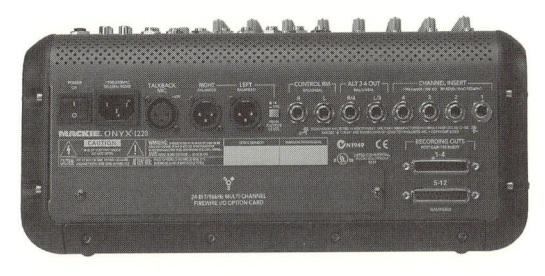

▲小型ミキサーの出力(写真では「RIGHTとLEFT」)にキャノン端子が付いていればこのままPAのミキサーへ送る。キーボード専用のモニターとしては「CONTROL RM(コントロールルーム)」などからスピーカーへ送る

ミキサーへ接続する方法

　さて、ここまではステージ上での楽器などを拾うマイク、そしてDIについて学んだけど、その機器を今度はケーブルを通して、ミキサーへ接続することになる。

「なんだそんなのミキサーへただつなげればいいジャン！」

と思うかもしれないけど、比較的小さい会場の場合には、それでももちろんOK。そして、ミキサーの位置がステージと近い場合にはそれが一番ラクだよね。
　でも、いつも現場がそうであるとは限らない。
　原則的にミキサーは会場の客席の中央に置かれる。これは一番良い音でミキシングをするため。だから、客席の中央までマイクケーブルを引っ張っていくと、何本ものマイクケーブルがステージとミキサーの間に存在することになり、見た目にも良くないし、何かトラブルがあった場合、

「マイク2の音が出ないぞ！ケーブルチェックしてくれ！」

と言われてもチェックが大変だよね。

マルチケーブルとコネクターボックス

　では、どのようにマイクとミキサーを接続するかというと、ここで登場するのが「マルチケーブル」と「コネクターボックス」というセット。どういうものかというと、ミキサーの入力部分を延長して、束ねた状態でステージ近くまで引っ張るということだね。つまり「ミキサーの入力部分の出張所」というわけだ。

　通常は「大は小を兼ねる」ということで、比較的小規模な現場でも32チャンネルタイプを使用するのだけど、図が大きくなってしまうので、ここでは16チャンネルのタイプで説明しているよ。

マルチケーブル

　マルチケーブルというのは、複数のマイクケーブルを1本のケーブルに束ねたもの。この1本の中に8〜32本のマイクケーブルが収納されている。何本（チャンネルともいう）のマイクケーブルが収納されているかで、コネクターボックスもそれに合うものを選ぶ必要がある。

コネクターボックス

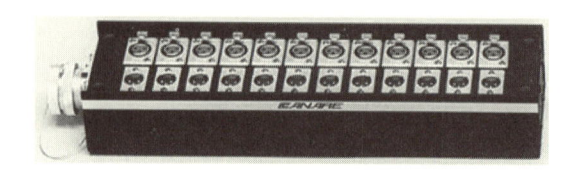

マルチケーブルの束の本数（チャンネル数）に合ったコネクターボックスを使う。

これにはいくつかの種類があって、同じチャンネル数（本数）のものでも、1つのチャンネルに対してメスだけのもの（"シングル"タイプ）、1つのチャンネルに対してオスメス両方の端子が付いているもの（"パラ"〔パラレルの略〕タイプ）、また新たにマルチケーブルとコネクターボックスを用意して追加延長できるようになっているもの（"パラ－パラ"〔パラレル－パラレルの略〕タイプ）などがある。

▼シングル

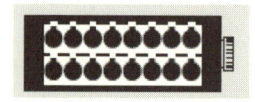

▼パラ

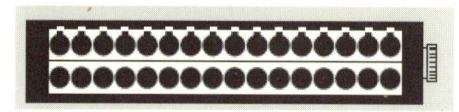

▼パラーパラ

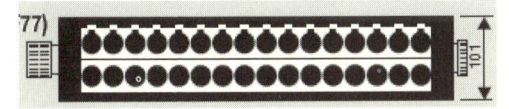

通常の現場では、パラのものをコネクターボックスと呼ぶ場合がほとんど。なぜかといえば、メスだけのコネクターボックス（シングルタイプ）よりも、オスメス両方使える方が、現場では都合がいいからだ。

また、パラーパラの利点は、たとえばステージ脇に1つのコネクターボックスを置き、さらにドラムのところ（つまりステージ中央）に延長することができ、マイクケーブルの設置がラクになる。このパラーパラのことを別名「貫通」タイプと呼ぶ。

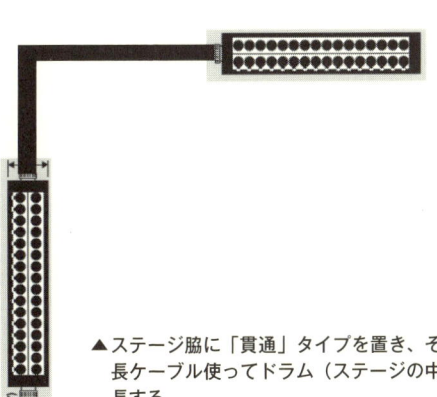

▲ステージ脇に「貫通」タイプを置き、そこから延長ケーブル使ってドラム（ステージの中央）に延長する

マルチケーブルとコネクターボックスの信号の流れ

　このマルチケーブルとコネクターボックスをセットにして、ステージ脇とミキサーの間に設置し、マイクやDIからの出力を接続して、ミキサーへ送る。ミキサー側にもコネクターボックスがあり、そこから短いケーブルでミキサーの入力に接続する。

　これで、ステージ側の信号がミキサーまで届く、という仕組みになっている。

ミキサー側では、接続を簡略化するためにすでに、ケーブルの状態にしてある「セパレートコード（通称"先バラ"）」というケーブルを用いることもある。ただし、この先バラは16チャンネルまでしかないので、大規模（24チャンネル以上の入力がある）な現場では使われない。

▼セパレートコード（通称"先バラ"）

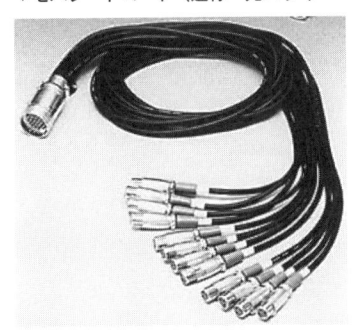

● COLUMN

マルチケーブルとコネクターボックスは「Canare（カナレ）」というメーカーの独占市場で、信頼性も抜群。製品の仕上げが素晴らしいプロ仕様。まともな現場ではこれ以外の製品は見たことがないくらいのシェアを誇る。

最近、さまざまなメーカーが安価な製品を出してきてはいるが、実際に使ってヒドイ目に遭ったことがあるので（接続した端子が抜けない、そもそも入らない、入っても接触が悪い）、僕はこれ以外のものは使わないことにしている。もし、今後別のメーカーがCanare並みの品質で、安価なものを出してくれれば別だが……。

また、マルチケーブルとコネクターボックスの接続を簡易化するために、すでに装着された状態（要ははずれない状態）の製品、あるいはコネクターボックスを用いずケーブルから直に端子が付いているものもある。

マルチケーブルとコネクターボックスの設置

　マルチケーブルはとにかく太い。この太いケーブルが、通常直径1～2メートルくらいの束になって巻かれている。マイクケーブルが何本も束になっているので当たり前なのだが、はわすのもけっこう大変。ましてや50メートルなんていう長さのマルチケーブルだと一人では容易に運べないだろう（ちなみに24チャンネルの50メートルマルチケーブルは重いもので35キログラム！）。

　こういう場合には、ケーブルを引っ張る係と巻いてあるケーブルをほぐす係を分担して作業すること。

　ケーブルをはわせたら、ステージ上にあるコネクターボックスとミキサー側にあるコネクターボックスを接続するという手順になる。

　ここで注意するのがやはりオス／メスの端子で、コネクターボックスが通常24、32チャンネルの場合には、両端ともオスになっているので、ケーブルのどちらを持ってはわせていってもOKだが、16、12チャンネルのマルチケーブルとコネクターボックスにはオス／メスがある。よって、必ずどちらがオス／メスになっているかを確認してからはわさないと、最初からやり直し！　ということになる。ただでさえ時間のない現場で、こんなことをやっていては大変なことになるので、必ずオス／メスの確認をしてからはわせること。

第1章　機器の解説と接続　その1　マイクなどステージ上の音を拾うもの

▼24チャンネルのケーブル側　▼24チャンネルのコネクター側

▼32チャンネルのケーブル側　▼32チャンネルのコネクター側

▼各チャンネルの配線表

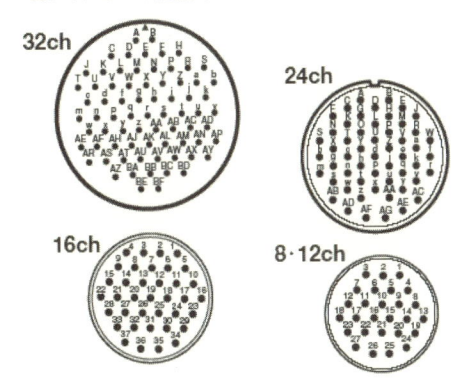

32ch

24ch

16ch

8・12ch

マルチケーブルとコネクターボックスの接続

　無事マルチケーブルをはわせたら、コネクターボックスと接続する。
　マルチケーブルとコネクターボックスにはコネクターの保護のためにフタが付いているので、これを緩めてオスとメスの端子を合わ

せて押し込む。ケーブル自体が重たいので慣れないと平行にならないが、あわてずに押し込む。

押し込んだら、マルチケーブルに付いているリングのネジを回してコネクターボックス側のネジに固定する。

ここまできっちりやらないと、接触不良で音が出ない、なんてことになるので、確実におこなう。

図は16チャンネルに装着したところ。余っているマルチケーブルのフタとコネクターボックスのフタは邪魔にならないよう、お互いをネジで締めておく。PA会社によっては、装着／脱着の手間を考えて、フタをあえて締めないところもあるが、僕はなんとなくだらしがないような気がしてつい締めてしまう。

とにかくマルチケーブルとコネクターボックスを使えば、接続がラクになるしゴチャゴチャしないですむ。

何チャンネルのマルチケーブルとコネクターボックスを使うかは、規模にもよるけど、本書では中規模PAということで24チャンネルのマルチケーブルとコネクターボックスを使うという想定で接続していくよ。

COLUMN
「マイクは命なんです」

いきなりマイクをつかんで「あーあーあー、テスト、テスト、音出ないな、ゴンゴン（手でマイクを叩く音）」という人。困ったものである。

その人が持っているギター（もしギターを持っていなかったら車）のボディやら部品の部分を他の人がゴンゴンと叩いたら、
「なにすんだ、この野郎！」
と怒るくせに、マイクに関してはほとんどそういう気配りをしない。注意すると、
「こんなもんで、壊れるのは安物使ってるからだよ、ハハハ！」
とのたまう。本当に困ったものである。

こういう人がステージに現れたら、エンジニアはとにかくフェーダーを下げる。そして、スタッフは「まだ、オンにできていませんので〜」と一度マイクを取り上げて、（わざとらしく）「スイマセーン、回線生かしてくださーい」と叫ぶ。　そしてまずスタッフがしゃべって確実に音が鳴る、ということを見せて（聞かせて）から、マイクを改めて渡す、という対処が不可欠になる。

そして、こういう人は1回手順がわかると、周りから「わかっている人」と見られたいために、次から「スイマセーン、回線生かしてくださーい」とミキサー席に向って怒鳴ってくれるようになるハズだ。

これで、ステージ上からのマイクやDIの信号をミキサーのところまで送る準備ができたということになる。次章では、ミキサー、そしてプロセッサーの解説をするよ。

第 2 章

機器の解説と接続・その2

ミキサー

第1章では、マイクとDI、そしてそれらをミキサーまで配線するマルチケーブルとコネクターボックスについて学んだね。第2章では、これらのステージ上からの音をまとめる役割のミキサーについて学ぶよ。

ミキサーとは

　ミキサーというのは英語で「Mixer」、調理器具のミキサーとまったく同じだ。要はミックスするということ。調理器具は具材を、PAでは音を混ぜるわけだ。つまり、混ぜ合わせるという行為は同じなのだね。調理器具の場合には、最終的にドロドロの状態にして飲んだり食べたり、またその具材に別の調理を施して料理するのだけど、PAの場合は、混ぜたものを「ステレオにする」のが役割だ。

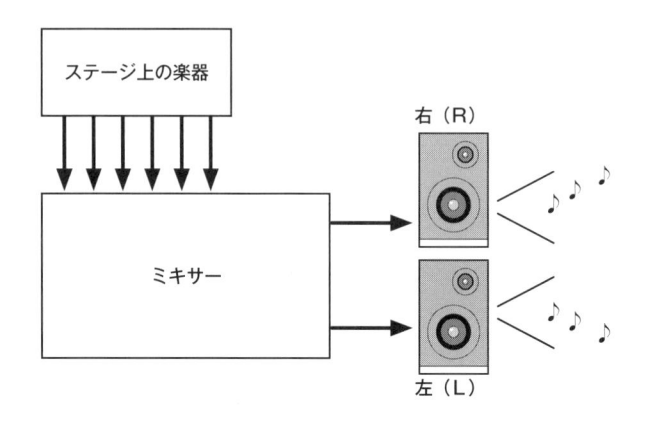

ステレオはみんなもわかるよね。ステレオのコンポ、車の場合には「カーステレオ」なんていうけど、要は右と左にスピーカーを置いて、両方のスピーカーから音が出るようにする、ということだ。

　人間も含めた動物の耳は2つ付いている。なんで2つ付いているかというと、左右の音の位置を明確に判断できるようにするため。

　同じようにステレオ、つまり左右にスピーカーを設置することによって、音の位置を調整して広がりを出す、ということだね。だから、コンサートで聴く音というのは、特別な場合を除いてすべてステレオになっている。

　ステレオでは、左を「L（Left）」右を「R（Right）」というので、略して「LR（エルアール）」というように呼ぶこともあるよ。

COLUMN

　ミキサーを「Mixing Console（ミキシングコンソール）」、あるいは「コンソール」と呼ぶ人もいるけど、これはレコーディングスタジオなどで使われるちょっと正式ぶった言い方。一般的にはやはりミキサーとした方が通じるハズ。

　もっと単純に「卓（たく）」と呼ばれることもある。でもこれは、
「いや～うちの卓は……」
というように、内輪での会話に登場することが多いかな。

ステレオとモノラル、そしてサラウンド

　ステレオのようにLR、2つの信号に分けるのに対して、1つのスピーカーでLRに分けない1つの信号のままのものを「モノラル」という。左右にスピーカーがあっても、LRの区別をしていないモノラルの信号でスピーカーを鳴らすこともある。

　また近年では、「サラウンドシステム」という、LRに加えて聴衆者の後ろから音が聞こえるようにし、さらにセンター（中央）にもスピーカーを配置したものも登場しているが、PAで使用されることはまだ稀だといえる。

ミキサーの設置場所

　コンサート会場の観客席の中央にどーんと置かれたミキサーを見て、PA業に憧れ、そして興味を持った人も多いでしょう。なんであんないい位置にミキサーが置かれるかというと、それはミキサーを操るミキシングという作業は、観客に一番良い音を聞かせるための作業だから、前後左右バランス良くミキシングをおこなうためには、一番良い音を作れる場所が必要なわけ。

　だから、コンサートの客席はなるべく前の席が良い、と思ってい

る人が多いけど、音を楽しみたいのなら、断然ミキサー席の近辺をオススメする。そこが会場内で一番良い音がする位置なのだから、これは当たり前の話だね。

　ただ、PAについてよくわかっていると、ミキサー席の近くにいるとエンジニアの操作が気になって、コンサートを楽しめないという弊害もある。

ミキサーの役割

　最初に、ミキサーはステージから送られてきた信号をステレオに（ミキシング）する、と解説したけど、その他にも実際にはもっと多くの役割がある。ここでちょっとまとめてみよう。

☐ マイクやDIからの信号を適正な音量（レベル）に調整する
☐ その信号の音質を調整する
☐ エコーなどの残響音を加える
☐ プレーヤーにモニター信号を送る

　ざっと挙げただけでもこれだけの役割があるのだね。いや～大変な仕事なのだよ、これは。
　それに、
「え～、あんなにたくさんツマミが付いているミキサーの役割をいちいち覚えるの？」

という声も聞こえてきそうだね。

　ただ、実際ミキサーというのは、同じ役割のものがズラッと並んでいるだけ。特に、「インプットモジュール※（74ページ参照）」と呼ばれる機構は、16チャンネルのミキサーだったら同じものが16個、24チャンネルのミキサーだったら24個並んでいるだけなのだね。もちろん、メーカーやモデルによっても多少構成が異なる場合もあるけれど、大まかにいえば1つのモジュールを覚えればOKなのだね。

　「モジュール」というのは役割をまとめたものだと思えばだいたいOK。中にはひとつのモジュールで複数の役割を持っているものもあるけど、ここでは、主な役割別で説明していくよ。

※「インプットチャンネルモジュール」とか「チャンネルストリップ」という場合もあるが、本書では「インプットモジュール」という名称で統一している。

PAミキサーの定番

　Mackie（マッキー）というメーカーは、小型から大型まで、さまざまなニーズに合わせたミキサーを生産している。ここで紹介しているのはその中でも中規模のミキサーで、PAでの定番、ONYX（オニキス）というモデルの1640というもの。

ONYX 1640

　PAでのミキサーの定番は他にもたくさんあるのだけど、大規模なコンサートで使用するモデルやメーカーだと、チャンネル数が多いうえに（24～48チャンネルが主流）、さらに現場で便利な機能がたくさんついているので、非常に説明しづらい。だから、ここでは16チャンネルのシンプルなミキサーで説明しているよ。

● COLUMN

PAミキサーで、現場で一番目にするのはやはり日本が世界に誇る「ヤマハ」。最近では信号をすべてデジタル処理するデジタルミキサーのモデルが定番になりつつある。

　また、「Sound Craft（サウンドクラフト）」や、「MIDAS（マイダス）」も有名どころ。

　それから、一般発売しておらず（つまり業者間扱い）、楽器店やカタログではお目にかかれないメーカーのものもある。

ミキサーのモジュール別役割を覚える

ミキサーは前述のとおり、ステージからの信号を受け取る「インプットモジュール」というセクションがある。そしてそれらの音をミキシングしてスピーカーへ送る「アウトプットモジュール」というセクション、そして、信号を途中で分岐してエコーなどをかけてまたミキサーに戻す「AUXモジュール（センド－リターン、Send – Return、要は"送って〔センド〕また元に戻す〔リターン〕"」というセクションの3つに分けられる。

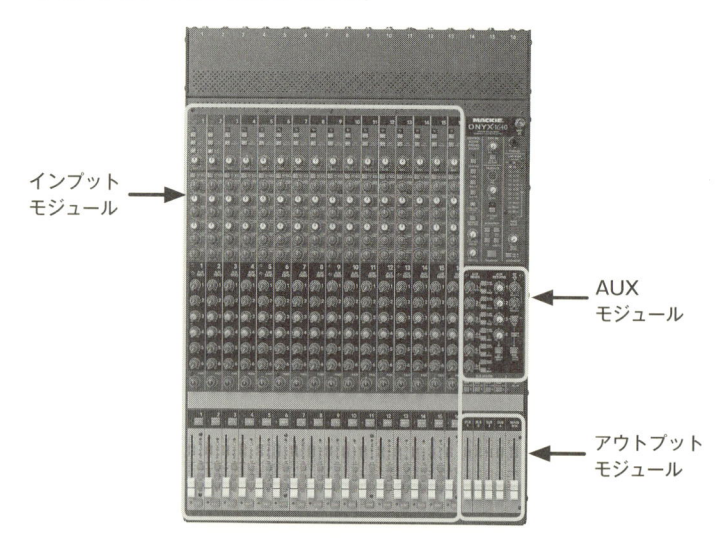

インプットモジュール

AUXモジュール

アウトプットモジュール

ここでは、インプットモジュールとアウトプットモジュール、そしてセンド－リターンの各セクション別に解説していくよ。

インプットモジュール

　インプットモジュールは単純に「チャンネル」といってもいい。信号を受ける1つの単位で、マルチケーブルとコネクターボックスのところで解説した、マイクケーブル1本を1チャンネルといったときと同じ考えだね。よって、16チャンネルのミキサーではインプットモジュールは16個ある、ということになる。

　このモジュールは、ミキサーで圧倒的に面積を取る部分。入力した信号のレベルを調整したり、音質を調整したりするから、当然ツマミもたくさんある。最初にミキサーを見ると何がなんだかさっぱりわからないかもしれないけど、信号の流れは上から下へと進む、という原則さえわかっていれば、どのツマミがどの役割をするかがわかってくるはずだ。

　それでは1つずつ見てみよう。

　1640では、チャンネルごとに付加機能のスイッチが最初に装備されている。

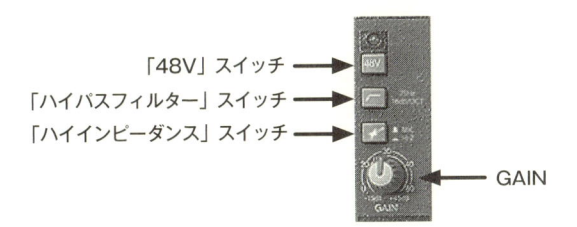

「48V」スイッチ
「ハイパスフィルター」スイッチ
「ハイインピーダンス」スイッチ
GAIN

「48V」スイッチ

これは、コンデンサーマイクに電源を供給するファンタム電源のスイッチ。コンデンサーマイクをこのチャンネルに接続したときだけオンにする。安易にオン／オフするとノイズが発生するので注意。詳細は86ページを参照。

「ハイパスフィルター」スイッチ

このスイッチをオンにすると、低音の部分をカットしてくれる。ピアノの低い方の鍵盤の音や、バスドラムを叩いたときの低音を未然にカットする働きがある。後述のEQ（イコライザー）はブースト（増幅）もできるのだけど、これはフィルターと言って、カットするだけの働きをする。

「ハイインピーダンス」スイッチ

これはMackieのONYXシリーズの1、2チャンネルだけに付けられた特別なスイッチ。詳しくは第五章「インピーダンス」を参照されたし。

GAIN（ゲイン）

ゲインとは「GAIN（利得）」。これじゃ意味わからないよね。何を利得するんじゃい！？　という感じになるんだけど、実際には入ってきた信号を「増幅」すると考えればよろしい。

第2章 機器の解説と接続 その2 ミキサー

　マイクというのは電気的にはとても小さな電流量で、そのままアンプやスピーカーへ出力してもちっとも音は聞こえない。それを一度このGAINの部分で増幅してミキシングするものと考えておこう。ツマミは右に回すとブースト（増幅）される。

● COLUMN
「パッド」

　ミキサーによっては、このGAINの前にパッド（PAD）という回路が付いているものもある。これは、もとの意味としては「当てモノ」や「詰め物」で、転じて「和らげる」、つまり信号を少し落とすということ。電子楽器などのすでに増幅された信号を受け取るときに、入力した時点でのレベルをゲインで調整できないときにこのスイッチで落とすということだ。

EQ（イコライザー）

　イコライザーは音質を調整するもの、くらいの知識はあるはず。ここで「Equalizer」という意味について「もともとはEqual、つまりイコール（＝）で……」という理屈はどうでもよろしい。要は音質を変えるものと覚えておこう。ハイ（High、高域）、ミッド（Middle、中域）、ロー（Low、低域）などの周波数帯別に、信号をブースト（増幅）またはカット（減少）させて音質を調整するもの。

　また、このハイとかミッドなどの周波数を分ける単位をバンド（帯域）といって、多ければ多いほど微妙な調

整ができるが、あまりに数が多くても現場でさっと調整ができない。せいぜいこの1640のようにミッドの帯域を「ローミッド（低中域）」と「ハイミッド（高中域）」の2つに分けた4バンドくらいが一般的。

さらに、調整できる周波数を調整できるタイプもあり、これを「スイープタイプ」とか「ピーキングタイプ」と呼ぶ。

ミキサーのEQについての詳細は第五章を参照されたし。

AUX SEND（エーユーエックスセンド）

一見、
「なんだこりゃ！　コレなんて読むの？」
と思うかもしれないけど、正式名称は「Auxiliary」。なぜか日本では「オグジュアリー」と呼ぶ人が多い。でもこれは英語の本当の発音とは違うので、外国の方にはいくら「オグジュアリー」と言っても通じないのだ。さらに、「オークス」と読む人もいるけど、「エーユーエックス」というのが一番通じるハズ。

読み方はともかく、このツマミは、ミキサーから別の機器へ信号を送る役割があって、たとえば、エコーの量を決めたり、モニターへの音量を決めたりするもの。要は補助的（実際にはPAでは補助どころか重要なのだけど）に使われる機器へ送るためのもの、と覚えておこう。

そしてこの部分は後述するセンド-リターンのモジュールの一部として機能しているということも覚えておいてほしい。

PAN（パン）

パンはPAN、正式には「Pan pot（パンポット）」というもので、このツマミでステレオ信号のどちらに音を配分するかを調整する。右に回すと右のスピーカー寄りに音が配分され、左に回すと左のスピーカー寄りに音が配分される。

MUTE（ミュート）

ミュートとは「Mute」、音が鳴らない、という意味。つまりこのチャンネルから音がしないようにするスイッチだね。メーカーによってはここが単純に「オン／オフ」スイッチになっているものもあるけど、使い方は同じ。一時的にそのチャンネルをオフにして音が鳴らないようにするためのもの。

フェーダー

これは音量を上下させるもの。この部分だけスイッチやツマミじゃないのは、一瞬にして複数のチャンネルを操作できるようにするため。場所は取るけれど操作を優先してこのような形状になっているのだね。ツマミだと両手で2つのチャンネルしか操作できないけど、この形なら無理すれば（たとえば肘も使って）16チャンネル分くらい同時に上下できる（実際にはしないけど）。

SOLO（ソロ）

ミュートとは逆の仕組みで、このスイッチが押されたチャンネルだけ鳴るようにして、他のチャンネルは鳴らないようにするもの。よく「ソロギターの演奏」なんていうけれど、これはギターだけの演奏という意味で、これとまったく同じ。特定のチャンネルだけ鳴らして音質を調整するために使う。

ここまでを通常インプットモジュールと呼ぶ。これが単純に左から右へ向って「1、2、3、……」と、チャンネルの数だけ並んでいるということになる。

入力端子

次にミキサーの入力端子を見てみよう。

1640の場合には、この入力端子は背面に付いている。役割上、というか使う順番に説明していくと下からになるので注意してほしい。

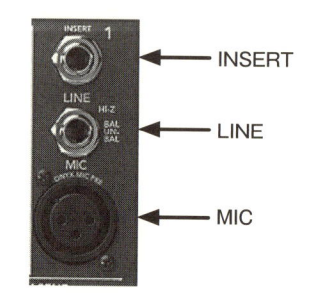

← INSERT
← LINE
← MIC

MIC(マイク)

入力端子は、マイクを接続するだけではないから、いくつかの端子が付いている。通常PAで入力する、ということはキャノン端子になるので、1640では「MIC」という端子にステージからの信号を入力する。

これも1章の冒頭で解説した通り、出ていく方はオス、入ってくる方はメスの原則通り、メスになっている。

LINE(ライン)

その上にあるフォーン端子は「LINE(ライン)」といって、ステージ側からの入力にはあまり使われることはなく、PAでは主にリバーブを接続する。これは後述のセンド-リターンモジュールで詳しく説明しているのでそちらを参照されたい。

またこのライン端子はDIを使わない(使えない)場合に、電子楽器を接続することもある。たとえばPAではなく自宅でシンセサイザーを接続する場合、いちいちDIを用意するのがメンドウ、という場合、直接この端子に接続する。

このラインという信号は、マイクよりも大きい電子楽器の出力に合わせて、信号を受けるレベル(ゲイン)を下げてある。

INSERT(インサート)

一番上にある「INSERT」という端子は、「インサート=挿入」のための端子。これは、たとえば、チャンネル1にボーカルのマイク

を接続したとして、そのボーカルの声（チャンネル）だけに特定のプロセッサー（コンプレッサーなどのエフェクト）をかけるためのもの。詳細については105ページを参照されたい。

ステージからのマイクやDIの信号は、マルチケーブルとコネクターボックスを通じて、この入力端子までやってくる。ステージ側のコネクターボックスのチャンネル1はミキサーのチャンネル1、というように対応しているので、ステージ側のコネクターボックスへマイクやDIを接続すれば、インプットモジュールに音が送られてきて調整ができるようになったということ。

チャンネルの割り振り

では、マイクをステージ側のコネクターボックスのどのチャンネルに接続するか、ということになるのだけど、これはPAエンジニアが操作しやすい、あるいはわかりやすいようにするのが原則。

これを決めるのもエンジニアの重要な仕事。本番中に、「あれ？ボーカルって何チャンネルだっけ？」なんてことは絶対起きてはならない。

また、このようなことが起きないように、ミキサーのフェーダー上または下に「ドラフティングテープ（通称"ドラテ"）」という"貼っ

てはがせるテープ"、つまり現場が終わったら簡単にはがせてテープ跡が残らないテープを貼り、そこにチャンネルの名前を書いておく。

※ドラテなど現場で使用するテープについては、第5章を参照されたし。

チャンネルの割り振りの順序

割り振りの順序は、エンジニアによってさまざまだ。

リハーサルのとき音を調整する順番に基づき、通常はドラムのバスドラムからおこなうので、これをチャンネル1として、スネアやハイハットをチャンネル2……というように決め、その次がベース、ギター、というようにする場合もある。

また「見た目」、つまりステージ上の配置の順番にのっとって割り振る場合もある。つまりビジュアル的な位置とチャンネルの位置が

ほぼ同じようにする、という割り振り方だ。たとえば、向って一番左にベースのコーラスマイクがあった場合、これをチャンネル1とする、というもの。ただし、ステージは奥行きがあり、たいていはドラムやキーボードは後ろ側に配置されるので、位置的に重なってしまう。よって通常は前側だけを見た目にして、あとは操作しやすいように配置していく、という方が賢明だろう。

　そして、左右のどちら側から数（チャンネル）を数えていくかというと、

「下手若番（しもてわかばん）」

という法則に従う。

　下手といわれてわからない人もいると思うので、次項を参照されたい。

ステージの上下（かみしも）

　ステージはミキサー側から見た左右とステージ側から見た左右が逆になる。ミキサーから見て「右」は、ステージ側から「左」になってしまう。そこで日本ではこれを統一するために、ミキサー側から見た左側を「下手（しもて）」、右を「上手（かみて）」と呼んでいる。

　つまり、下手若番とは、ミキサー側から見て左のマイク／DIからチャンネル1、2と割り振るのである。この法則に従うと、たとえばギターが二人いるバンドの場合で、ギター1が下手側というように特定できることになり、現場で混乱が起きない。

割り振りの例

ここでは簡易的に中規模 PA で、平均的なバンドの PA の際のチャンネルの割り振りの例を挙げる。特に大規模 PA との差は、どれだけドラムの音を細かく拾うか、という点になる。これはミキサーのチャンネル数やマイクを立てる本数によって、現場に行く前にきちんとプランを立てておく必要がある。

この例では、ドラムはバスドラムに1本、スネアに1本、ハイハットに1本、タムは3つでそれぞれに1本ずつ計3本、そしてオーバートップに2本、というようになる。

1	バスドラム（Kick）= D112
2	スネア（SN&HH）= SM57
3	ハイハット（HH）= C451B
4	ハイタム（HT）= BETA56A
5	ロータム（LT）= BETA56A
6	フロアータム（FT）= MD421
7	オーバートップL（TOP L）= C451B
8	オーバートップR（TOP R）= C451B
9	エレキベース（E.Bass）= DI：Type85
10	エレキギター（EG）= SM57
11	キーボードL（シンセサイザーL「Syn」L）= DI：AR133
12	キーボードR（シンセサイザーR「Syn」R）= DI：AR133
13	メインボーカル（VO）= SM58
14	予備
15	リバーブL（Rev L）
16	リバーブR（Rev R）

15、16 に「リバーブ」というのがあるが、これは 93 ページに詳細があるので参照されたい。ここでは、ステージ上のマイク／ DI からの入力（1 〜 13 チャンネル）の割り振りだけに注目すればよい。

ファンタム電源を使用するチャンネルに注意

　マイクの C451 と C414 はコンデンサータイプなのでファンタム電源が必要になる。また、DI も電池で駆動するのでなければファンタム電源が必要になる、ということに注意してほしい。きちんと接続して「音が出ない」なんていうことにならないようにしよう。

　ファンタム電源はインプットモジュールの一番上で説明したけれど、チャンネルごとにオン／オフできるようになっている。

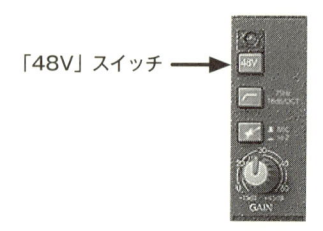

「48V」スイッチ →

　ただし、このファンタム電源のスイッチは構造上、オン／オフするたびに大きなノイズを発生してしまう。よって、プランニングのと

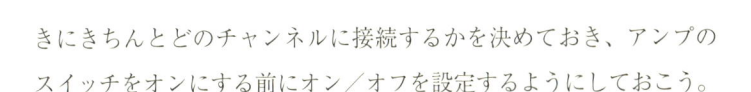

きにきちんとどのチャンネルに接続するかを決めておき、アンプのスイッチをオンにする前にオン／オフを設定するようにしておこう。

そうでないと、ノイズがアンプへ行き、スピーカーから「バチッ」と大きな音が鳴り、最悪の場合アンプやスピーカーが破損する恐れがあるのだ。

また、DIにファンタム電源を送る場合、必ずDIの電池を取り外した状態でオンにすること。二重に電気がかかるとDI自体が壊れる可能性があるからである。

● COLUMN

PAだけではないが、音響機器には電源スイッチを入れたり切ったりする順番が決められている。
「スイッチを入れたときの信号（ノイズ）を次の機器で受けないように」というのが原則だ。

つまり、ミキサー→アンプという順番である。アンプの電源が入った状態で、ミキサーの電源をオンにすると、そのスイッチのノイズがアンプへ伝わってしまい、ノイズがアンプ→スピーカーを経て鳴ってしまうからだ。

スイッチを切るときには、この逆にすればよい。

アウトプットモジュール

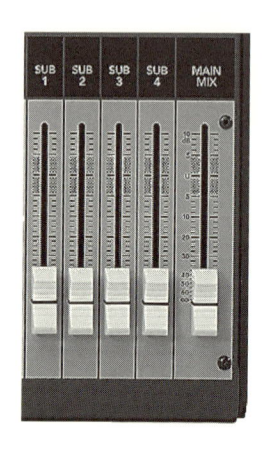

アウトプットは「出力」という意味。だから、ミキサーでまとめた信号を外に送り出す、ということだね。各チャンネル（インプットモジュール）で音質や音量を調整された信号は、MAIN MIX に送られて、ここで全体的な音量を調整してアンプへ送られる。ただこれだけ。

MAIN MIX の左隣にある「SUB（サブ）」というフェーダーも一応は、アウトプットモジュールの一部なんだけど、これはメーカーによっては「Group（グループ）」とも呼ばれる補助的なアウトプット。MAIN に送られる前に、ここでドラムだけ、あるいはコーラスだけをまとめてバランスを取るためのもの。それこそコーラスだけで20人いるとか、ブラスセクションが5人いるとか、ストリングスセクションが10人いるような場合に、そのグループ全体の音を調整するのにチャンネル1つひとつ操作するのが面倒な（というか操作が追いつかない）場合に使用する。

よって通常のバンド編成の場合にはこの MAIN MIX だけを操作することになる。ただ通常のバンド編成でも、ドラムだけはこの SUB を使ってまとめることもある。

MAIN MIX に信号を送るには、インプットモジュールのフェーダー横にある「MAIN MIX」というボタンを押す。

ただしミキサーの中には、このような操作をしなくても自動的にアウトプットモジュールに信号を送るものもある。

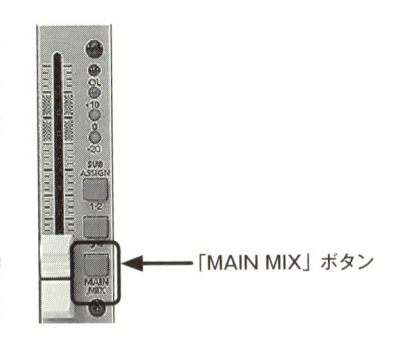

←「MAIN MIX」ボタン

アウトプットモジュールの端子

アウトプット——1640 では「MAIN OUTS（メインアウツ）」という名前になっているけれど、ここからアンプへ出力する。端子はご存知キャノン端子。ここでも法則通り「出ていく方」だから「オス」になっているね。

ここから直接アンプへ送るのは稀で、通常はアウトプットとアンプの間に、「グラフィックイコライザー」という音作りをおこなう機器（プロセッサーまたはエフェクト）やスピーカーを保護するための「コンプレッサー／リミッター」という機器（プロセッサーまたはエフェクト）を挿入することになるが、そちらの詳細は 100 ページを参照されたい。

ここまでで、インプットモジュールからの信号がミキサー上でミックスされて、アウトプットへ出力するというミキサー内の流れが把握できたはずだ。

　お次は、冒頭で「補助的」と説明したセンド-リターンモジュールについて学ぼう。

AUX（センド-リターン）モジュール

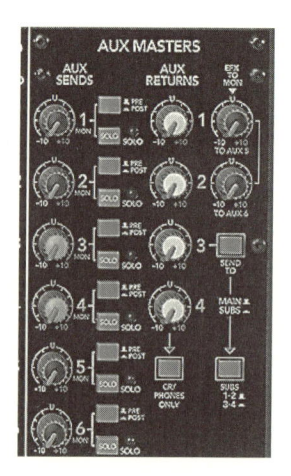

　センドはSEND（送る）、リターンはRETURN（戻す）という意味。要するに信号を送ってまたもとに戻すためのモジュール、ということ。

　まずどこに送るのかというと、エコーなどの残響機器に、となる。

　序章では、カラオケボックスで「エコーが足りないな」ということで、「エコーのツマミを回して」という説明をしたね。カラオケでは単純にエコーなんて名前が付いていたけれど、PAの現場ではどんな残響機器に接続してもいいように、AUXに番号だけを付けてあるんだね。

第2章 機器の解説と接続 その2 ミキサー

　このモジュール単位では、「AUX MASTERS（AUXマスター）」というモジュールの中に「AUX SENDS」と「AUX RETURNS」というセンドとリターンの回路があって別個になっているのがわかる。

　ここにマスターという名前が付いているということは「まとめ」ということ。実際にチャンネルごとの信号を送る割合は、各インプットモジュールのAUX SENDSで決める、ということになる。

AUXはもう1つのミキサー

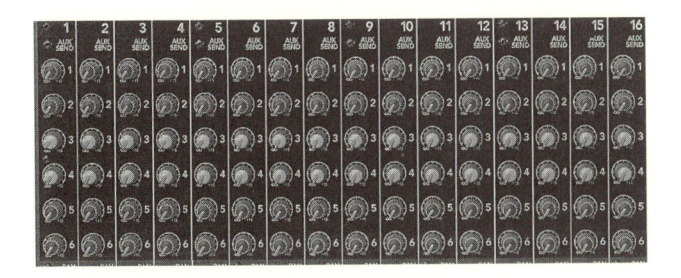

　もっと単純にいえば、このAUXはミキサーの中にある、もうひとつのミキサーと考えればいい。

　通常はインプットチャンネルからアウトプットに信号が流れるのだが、その途中でAUXという回路で信号を分岐して、AUXセンドへ信号を送っていることになる。どこへ信号を送るかはあなたの自由ですよ、という意味でAUX（補助）という名前が付いているのだね。

とはいえ、どこへ送るのかはリバーブかモニターくらいが一般的。また、ライブハウスなどで録音用として別ミックスをおこなうために使う場合もある。

● COLUMN

ここまで、エコーと呼んでいた残響音。これらの残響音は、昔はエコーと呼ぶのが一般的だったけど、最近では「リバーブ」と呼んでいる。

本来、エコー、リバーブは共に「ディレイ（Delay）」という遅延音、つまり反響した音がはね返ってきたものが複合されたもので、そのディレイ音の響き方で区別するようになっている。しかし、「リバーブは異なるディレイタイムが時間的に……」とか、「エコーは左右のディレイタイムが一定の割合で……」とかいう理屈は、ここではあまり意味がないので、ここから「残響音＝リバーブ」で統一する。

それから、
「もうちょっとエコーをきかせてください」
とボーカルに言われて、
「いや、これはエコーじゃなくてリバーブです」
と反論するのは、あまりに大人げないので注意すること。アーティストや主催者に言われたことが間違っていても脳内で変換して、そのイメージに合うように操作するのもエンジニアの務めである。

リターンしないじゃないかよ！　その1

　センドから送られた信号は、リバーブ内で残響音が付加されて、ミキサーに戻る。

　ここで「チャンネルの割り振りの例」の項目で示した表を見ると、「リバーブ」は「リターン用チャンネル（AUX RETURN）」に戻るのではなく、インプットモジュールのチャンネル15、16に接続されることになっている。「なんだ〜話しが違うゾ！」と思うかもしれない。しかしながら実際には、リバーブはリターンに戻さず、空いているインプットモジュールに戻すのが一般的だ。

　なぜかといえば、インプットモジュールにはEQが付いていて、リバーブ成分の音質を調整することができるからだ。会場によって、リバーブがうまく響かなかったり、逆に響き過ぎて収まりがつかなかったりする場合、インプットモジュールに接続しておけばEQで調整できるのだが、リターンに接続してしまうと、AUX RETURNでは、これらの調整ができないのだ。

　よって、リターンに接続するのは、インプットモジュールがマイクやDIですべてふさがってしまった場合のみ、ということになる。

リターンしないじゃないかよ！　その2

　プレーヤーの足元にあるモニタースピーカー（特に足元のモニターを"フットモニター"と呼ぶ）に自分や周りのプレーヤーの音を送るためにもこのAUXセンドが使われる。これらは、モニター用のアンプを経由してモニタースピーカーに送られるだけで、返ってこない。これもリターンを使わない例ということになる。

　つまりセンド－リターンモジュールとはいいながら、実際の現場では、
「リターンはよっぽどのときではないと使わない」
ということになる。

PRE（プリ）、POST（ポスト）について

　　AUX MASTERSにあるAUX SENDのツマミの右には、「PRE／POST」というボタンが付いている。

「PRE／POST」ボタン

PRE（プリ）とは「前」、POST（ポスト）とは後ろ、という意味。何の前と後ろなのかというと、これはインプットモジュールにある「フェーダーの前か後ろか」、ということ。このAUXという回路は、インプットモジュールの信号を途中で分岐させている。それをフェーダーの前で分岐させるのか、フェーダーの後で分岐させるのかを選択できるようになっているのだ。

　フェーダーの前で分岐させると、フェーダーの位置に関係なくAUXから送られる音の量は、AUX SENDのツマミの位置で決まる。フェーダーの後で分岐させると、AUXから送られる音の量は、フェーダーの位置で決まる、という仕組みだ。

「前でも後でもどっちでもいいじゃねーかーよー？」
と思う人もいるかもしれないが、これは非常に重大な問題。

　たとえばリバーブをプリで送っているとする。バラード曲でボーカルがメインになっており、他の楽器の音量が小さい。ボーカルの音量を少し下げよう、とフェーダーを下げるとフットモニターのリバーブの量は変わらずにボーカルの音量だけが下がり、リバーブばかりがフットモニターに返されてしまう。

　逆にモニターをポストで送っているとする。ドラムのバスドラムが大きすぎると思って、バスドラムのフェーダーを下げる。すると、モニターから聞こえるバスドラムの音まで小さくなってしまう。

　このように、プリで送るかポストで送るかで、PA自体の音が変化してしまうのだね。もちろん例外もたくさんあるのだけど、あくまで

原則として、

「リバーブはポストで送り、モニターはプリで送る」

ということを覚えておこう。

　たとえば、接続のプランを立てるとして、

AUX 1→リバーブ（ポスト）
AUX 2→ベース用モニター（プリ）
AUX 3→ボーカル用モニター（プリ）
AUX 4→ギター用モニター（プリ）
AUX 5→ドラム用モニター（プリ）
AUX 6→キーボード用モニター（プリ）

ということにしたとすると、AUX 1だけPRE／POSTのボタンを押してPOSTにしておく、ということになる。
　また、MAIN OUTSから送られる信号はLRのステレオになっているが、このAUXはモノラルになっていることも覚えておこう。

第2章 機器の解説と接続 その2 ミキサー

AUXモジュールの端子と接続

　リターンは原則として使わない、ということで、ここではAUX SENDの端子だけを考えればいい。1640ではAUX SENDは6個付いている。ここはフォーン端子だね。

　先にあげた接続のプランをそのまま実行するのなら、AUX SENDの1をリバーブのインプットへ接続し、リバーブのアウトプットをチャンネル15、16へ接続する。AUX RETURNは使わないけれど、これでセンド-リターンとして成立したことになるね。前項でも触れたけど、リバーブは通常音の奥行きと広がりを出すものだから、モノラルで送って戻すときにはステレオにする、ということも覚えておこう。

　残りのAUX SENDの2～6はモニターへ送るのだけど、通常はそのまま送るのではなく、間に「グラフィックイコライザー」という音作りやハウリングを防ぐための機器を挿入する。これは103ページを参照されたい。

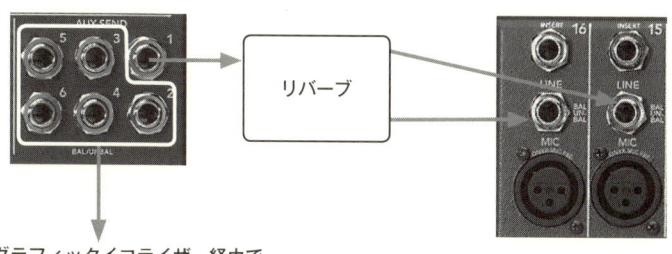

グラフィックイコライザー経由でモニターへ

その他のインプット、アウトプットについて

　ミキサーには、まだまだインプットやアウトプットがある。たとえば、会場に BGM を流すためのデッキを接続する TAPE INPUT、ミキサーでまとめた音を録音するためにデッキに接続する TAPE OUTPUT がある。

　これらは、「TAPE」と書いてあるが、別にカセットテープしか使えない訳ではなく、昔からの伝統でこのように表記しているだけなので、CD や MD などを接続してもいい。

　また他にも、C-R OUT、SUB OUT なども備わってはいるが、通常の PA では使用しないので特に注意を払う必要はない。これらは、スタジオや自宅録音などで使用すると考えていい。

まとめられた信号たちはどこへ行くのか

さて、ここで整理するとミキサーによってまとめられた信号は

□MAIN OUTS
□AUX SEND 2～6
□AUX 1 （すでにリバーブへ接続ずみ）

というアウトプット端子で出力されるということがわかったはずだ。これからその先を考えていこう。

MAIN OUTS

これは、メインのスピーカーから会場へ流すために、メインスピーカーを鳴らすアンプへ送られる。ただし、その前に音を調整するために、一度プロセッサーへ送られる。

AUX SEND 2～6

これらは、プレーヤーの足元にあるフットモニターへ送られる。ただし、その前にハウリングを防ぐために、一度プロセッサーへ送られる。

プロセッサーとは

プロセッサー（Processor）とは、特定の機器を指すのではなく、音を処理するものの総称だ。PAでは、リバーブもプロセッサーのうちの1つで、「エフェクト」と呼ぶこともあるが、エフェクトというと音を作り変えるという印象もあるので、本書ではプロセッサーという名前で呼んでいる。

代表的なプロセッサーは、リバーブの他、音質を調整するグラフィックイコライザー、そして音量を自動的に調整するコンプレッサー／リミッターがある。それぞれについて解説しよう。

リバーブ

AUX 1から送られてきた信号はリバーブへ接続される。現在ではデジタル式のリバーブが当たり前。これにはヤマハのSPXシリーズやレコーディングスタジオで長年使われているLEXICON（レキシコン）などが有名。

▼ LEXICON PCM91

グラフィックイコライザー

　グラフィックイコライザー（Graphic EQ）は、周波数を一定の割合で分割し、その分割した周波数を上下させることで音作りをおこなう機器だ。通称「グライコ」と呼ばれることが多い。PAで使われるグライコは、周波数を31分割したものが定番で、これ以上細かくても操作がしにくいし、これ以下の分割数では狙ったポイントからはずれることもあるので、この31分割のもの以外は現場ではあまり見受けられない。

　定番のモデルはいろいろあるが、dbx（デービーエックス）というメーカー、またはヤマハがよく使われている。ここで紹介しているdbxの231というモデルは、2チャンネルのステレオ仕様になっているので1台で2系統の信号を扱える。また、モニター用にモノラル仕様の131を使用する場合もある。

▼ dbx 231

▼ dbx 131

● COLUMN
「なんで 31 分割なのか」

グライコがなんで 31 分割、という中途半端な分割数なのかというと、これは「可聴周波数帯」という考えに基づいている。この可聴周波数帯というのは、人間の耳で聞こえる周波数帯の範囲のことで、もちろん個人差はあるが低い周波数は「20Hz（ヘルツ）」から、高い周波数は「20kHz（ヘルツ）」までとされている。

そして分割する単位だが、オクターブ（簡単にいうと下のドから上のドまで）を 1/3、つまり 3 で割った単位にしている。少々ややこしいが、たとえば 1kHz のオクターブ上は 2kHz で、この間を 3 つに分割しているということになる。よって 1kHz の右隣は 1.25kHz、1.6kHz、そして 2kHz というようになっている。整数を 3 で割っているので、割り切れてはいないが、この周波数の分布は覚えておいた方が素早い調整のために役立つだろう。

メインアウトに接続したときのグライコの役割

コンサート会場は、その建物によって音の響き方が異なる。そしてスピーカーの特性がその建物に合っているかどうかはあらかじめわからないので、A という会場ではすごく良い音だったのに、B という会場ではヘンな音になることがある（というか運び込まないとそれがわからないのだ）。

そこで、音の響きを、周波数を操作することで、なるべく良い音になるように調整していく、ということ。これがメインアウトに接続したときのグライコの役割となる。ここでは音を積極的に変える、というよりも補正するということが目的になる。

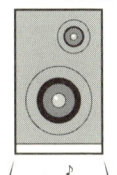

Aという会場　Bという会場

うん、いい音だ　高音がウルサイ！

EQ

EQで高音を下げる

AUXセンドに接続したときのグライコの役割

　AUXは演奏者の足元のフットモニターに送られる。このフットモニターはボーカルやコーラスのマイクの位置に非常に近いため、ハウリング（ピー、キー）が起きやすい。そうかといって、モニターとマイクを離してしまっては、モニター音がよく聞こえず本末転倒である。

　そこで、ハウリングが起きやすい周波数ポイントを探して、そのポイントをカットすることで、ハウリングを防ぐのが主な目的だ。もちろん、その過程でモニターとして良い音になるようにも調整する。

▼フットモニターとボーカルは距離が近いので
　ハウリングを起こす

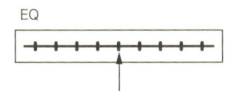

▲EQでハウリングを起こす
　周波数を下げる

コンプレッサー／リミッター

コンプレッサー／リミッターとスラッシュが付いているものはパラメーターの設定によって兼用ができる、ということ。

もちろん、コンプレッサー、リミッターとそれぞれ専用の機器もある。ただ現場ではこのような長ったらしい名前は使わず、「コンプ」と省略することが多い。

基本的な動作としては、信号がある一定の大きさになったときに、信号を圧縮して音が信号のレベルを下げる、というものなのだけど、これもグライコと同様、接続する場所によって役割が変わってくる。

PAではdbxの160Aというコンプが定番中の定番。後述する回路の保護から音作りまで活用されるスグレモノ。ただし、このモデルはモノラル仕様なので、メインアウトに接続する場合には2台必要になる。

▼ dbx 160A

メインアウトに接続した場合

これは、回路の保護、という意味合いが強い。つまり、アンプやスピーカーに大音量を流さないためのもの。

「そんなのフェーダーで音量を下げればいいじゃん」

という声も聞こえてきそうだけど、突発的な大音量（マイクを落としたり、ギターのケーブルが抜けてノイズがドカーンと鳴ったり）や、また、ボーカルなどは特にそうなのだけれど、リハーサルでは見せなかった絶叫（"今日は来てくれてホントにアリガトー！　イエ～イ！！"）にも本番中はフェーダーでは対応できないことが多い。そのため、いわばアンプやスピーカーを壊さないための「保険」を掛けているといってもいい。

このときコンプは、リミッター（制限するもの）として扱われる。つまりある一定の信号を絶対に超えないようにするために、後述する「圧縮比」というパラメーターを最大に、たとえば「20：1」とか「∞：1」などに設定する。

インサートに接続した場合

インサートは入力端子のところで説明したけれど、「挿入」という意味で、特定のチャンネルだけにプロセッサーを接続するというもの。このインサートで一番よく使われるのがコンプなんだ。この場合は、回路を保護するということではなく、音を変化させるために使う。

正確には"変化"ではなく、音量を一定に保つ働きがあるのだ。簡単にいうと「大きな音を抑えて小さな音を大きくする」ということ。
「それじゃ、音量が一定になってプレーヤーやボーカリストの熱演が台無しじゃん」
と思うかもしれないけど、「下手＝音量が一定ではない」というのが

音楽界の常識、というかそう聞こえてしまうのだね。きちんと統制された音量の変化は「エモーショナル」と感じられるけど、むやみな音量の変化は下手に聞こえるのだ。それを、このコンプで一定の音量にしてあげると、観客も安心して聞けるというわけ。これは消極的なインサートでの使用法。

では、積極的な使用法はどうかというと、「アタックを強調して歯切れの良い音を作る」ということ。

特にドラムのバスドラムやスネアにかけてあげると、バスドラムだったら「バン」が「ドッ」、スネアが「ダン」が「タッ」というように音を変化させることができ、カッコよくなる。

このコンプの使い方については第5章で詳しく説明しているので、そちらを参照されたし。

● COLUMN
「インサートでの接続には注意」

インサートというのは「挿入」だから、挟み込んでいるということになる。で、80ページのインサート端子を見ると、1つしか端子がなくイン/アウトの区別もないよね。そこで、インサート専用のケーブルを使わなくちゃならない。これを一般的に「インサーションケーブル」または「Y字ケーブル」という。これ1本でイン/アウトを兼ねているので、インサート端子には1本になっている方を接続し、Y字になっている方をそれぞれコンプのインプット端子、アウトプット端子に接続する。

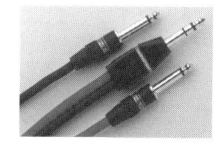

第2章 機器の解説と接続 その2 ミキサー

プロセッサー以降の信号の流れ

さて、無事プロセッサーへ接続されて、今度はステージ脇にあるアンプへと信号を出力するところまできたね。

ここまで、ステージ側からの信号は、マルチケーブルとコネクターボックス経由でミキサーまできていたけれど、ステージ脇にあるアンプへはどうやって送るのか、という疑問が出てくるはず。これは同じようにマルチケーブルとコネクターボックスを使う。

「えー、またあの重いマルチケーブルを運ぶの〜？」

という声が聞こえてきそうだけど、通常はステージ側からのマルチケーブルとコネクターボックスをそのまま利用する。つまり、マルチケーブルとコネクターボックスは24チャンネル仕様で、そのうち13チャンネルまでを使っていたね。つまり14チャンネルから24チャンネルまでが空いているから、それらのチャンネルを使ってアンプまで音を送るということ。

もちろん、超大規模なステージのPAでは入力と出力を別系統にするのだけど、本書で紹介しているような中規模のものでは、このように入出力を同じマルチケーブルとコネクターボックスで流用することが多い。

コネクターボックスのパラの意味

「嘘つき！　第1章の原則で"出ていく方はオス、入ってくる方はメス"だって言ったじゃないか！　コネクターボックスはメスになっているぞ！」

ハハハ、僕はウソつかないよ。コネクターボックスの脇を見ると、ほら、ちゃんとオスになってるよね？「パラ」というのは「パラレル」の略で、これは「並列」ということ。つまり同時にオスとメスが同じ回線の中に並列でつながれているので、どちらに接続してもかまわないのだ。

よって、プロセッサーからアウト、つまり出力はオスになって、ケーブルのメスを接続して反対側はオスになっているので、メスの端子に接続すればOKということ。これがパラになっている理由だよ。

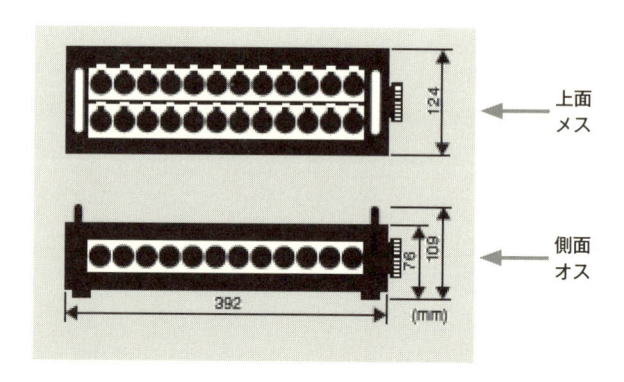

← 上面 メス

← 側面 オス

ここでは、

AUX SEND 2→グライコ→コネクターボックスの18
AUX SEND 3→グライコ→コネクターボックスの19
AUX SEND 4→グライコ→コネクターボックスの20
AUX SEND 5→グライコ→コネクターボックスの21
AUX SEND 6→グライコ→コネクターボックスの22
MAIN OUTSのLR→グライコ→コンプ→コネクターボックスの23、24

というように接続するよ。

ホール送り

　おっとここで忘れてはならないのが「ホール送り」というもの。このホール送りというのは、ホールのロビーなどで中の様子がわかるように流す信号を送ること。

　また、ホールのことを通称「小屋」ということもあるので「小屋送り」と呼ぶこともある。そしてホールの入力端子は、たいていステージ脇にあるので、マルチケーブルとコネクターボックス経由で送る。これはモノラルでいいので、1640だったら、MAIN OUTにある「MONO」という端子から送ってあげればいい(次ページ図参照)。

ただし、この端子はフォーン端子なので、ミキサーからコネクターボックスへ接続する際には、フォーン－キャノン（オス）という変換ケーブルを用意する必要がある。

　そしてコネクターボックスの17で送り、ホールの音響係の人に「ホール送りはマルチの17です」と言っておくこと。

　さーてさて、これでミキサー側からコネクターボックス、マルチケーブルを経てステージ側にあるコネクターボックスまで信号が行っていることになるね。次の章では、そこからアンプへの接続、そしてスピーカーへの接続の解説をするよ。

第 3 章

機器の解説と接続・その3
アンプとスピーカー

アンプとスピーカーはほとんどツマミがない。せいぜいアンプに電源スイッチとボリューム（正確にはGAIN）があるくらいで、スピーカーにいたってはほとんどの機種にツマミは付いていない。

　じゃあ、話は簡単だ！

と思うなかれ。これがけっこう大変なのだ。
　何が大変かというとΩ（オーム）、W（ワット）、A（アンペア）、V（ボルト）などの電気知識が必要だからだ。

　「うわーん、そんなの学校の授業でやったけど忘れちゃったよ〜。今さら勉強するのやだー」

という人もいるかもしれないが、これは避けて通れない道なのだね。
　でも通常、というか、PA会社では現場でいちいち計算なんてする必要がないように、適合するアンプとスピーカーの組み合わせをセットとして用意してあり、現場ではただ接続すればいいようになっているのでご心配は無用。
　それに本書で改めて電気理論を説明している余裕はないので、あくまで「現場で困らない」程度の解説にしておく。もっと知りたい人は、それこそ初歩の電気理論書から読み直すことをオススメする。

アンプ

　アンプというものは、PAに限らず音楽を聞こうとすれば必ず使う必要がある機器である。コンポステレオにももちろん付いているし、カーステレオにも付いている。エレキギターもギターアンプがなくちゃ音も出ない。とにかく音を聞こうとすれば、スピーカーが必要で、スピーカーを鳴らすには、どうあがいてもアンプが必要なのだ。
　「へーん、俺、いつもヘッドホンでポータブルプレーヤー聞いているもん。アンプなんか使わないもん」
と言う人もいるかもしれない。しかし、ヘッドホンもきちんと「ヘッドホンアンプ」というものが装備されていて、はじめてヘッドホンが鳴る仕組みになっているのだよ。

アンプの役割

　では、アンプは何をやっているかというと、序章でも説明したとおり、音を増幅している。もっと簡単にいうと、人間の耳では聞こえないくらいの微量な音（電気信号）を「大きく」している、ということになる。その後に接続されているスピーカーでは単純に音を鳴らしているだけで、電気的にはほとんど何もしていない、といっても過言ではない。

アンプというものは、とにかく役割としては増幅するものだということ。だから、ミキサーの章で「GAIN」というツマミでマイクの微量な音を増幅する、と説明したけど、ここにもアンプが入っている。特にこれを別名「プリアンプ」あるいは「ヘッドアンプ」と呼び、ここで説明するスピーカーを鳴らすためのアンプと区別している。スピーカーを鳴らすアンプは「パワーアンプ」というのが正式名称だが、ここでは「アンプ」という名称で統一して説明する。

　アンプといっても PA 用のアンプはあまり見たことがないと思うけど、すごくシンプルでこんな形をしている。電源スイッチとボリュームだけ。写真は、AMCRON（アムクロン）というメーカーの XLS 602（D）シリーズ。

▼AMCRON XLS 602(D)

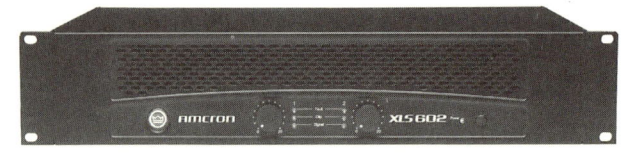

● COLUMN

アンプには、その他にも「ラインアンプ」「バッファーアンプ」「オペアンプ」などがある。これらスピーカーを駆動させるためではなく、あくまで回路の中で極めて微量な増幅をおこなっているに過ぎない。

第3章 機器の解説と接続 その3 アンプとスピーカー

パワーアンプの電源

　日本で販売されているパワーアンプの電源は、家庭用でもおなじみのコンセント用の電源で、これを「平行(へいこう)」と呼んでいる。これは、コンセントの端子が2つ平行に並んでいることに由来している。

　これに対して海外ではアース線を含んだ3つの端子から成っており、海外製品はアダプターを使って平行型に変換して使っている。

　電源、とひと口にいうが、問題となるのは電流と電力量である。

　ここまでの機器、たとえばミキサーにせよ、プロセッサーにせよ、通常の家庭用電源でも十分に賄えるくらいの電流と電力量しか使わない。よって、ホールにあるコンセント（たいていミキサーを置く位置に6個くらいのコンセントがまとめて装備してある）を電源タップで引っ張ってくればOKなのだが、パワーアンプの電流と電力量はとてつもなく大きい。家庭用のコンポでは「大迫力40W + 40W！」というような謳(うた)い文句もあるが、PAで使うパワーアンプはたいてい「500W + 500W = 1000W」や「1000W + 1000W = 2000W」というようなものなので、当然家庭用電源を使えばブレーカーが落ちる。

　よって、ホールの専用電源を借りる必要がある。これは、ホールの舞台係員に依頼することになる。

● COLUMN

電力（W〔ワット〕）＝電圧（V〔ボルト〕）×電流（A〔アンペア〕）という公式がある。仮に1000Wの出力（電力）を持つアンプがあったとして、電圧は日本では100Vが主流なので、電流を割り出すと10Aの電流がかかるということになる。パワーアンプ1台ならこれでも家庭用電源でもOKだが、実際にはメインスピーカー用、フットモニター用など数台のパワーアンプを使うので、まとめて使うことはできない。家庭用電源のコンセントでは、最高でも1つのコンセントは20Aまでだからね。

ただし、これは理論値であり、必ずしもそれだけの電気（W、V、A）がかかっているわけではない。しかし、漠然とでも「これだけかかってるのだな」くらいでいいので覚えておこう。

出た！ オームの法則！

パワーアンプにスピーカーを接続する場合、考えなくてはならないのがΩ（オーム）という値である。正確な意味を理解して用いる場合にはものすごく難しい理論なのだが、PAに限って考えればそんなに難しい問題ではない。

たとえば上記のように1000W＋1000Wのパワーアンプがあった場合、
「どの条件でこの出力が出るか」

というだけである。

この「条件」がスピーカーの抵抗数を指す「オーム」なのだ。正確には、このオームは単なる単位で、正式な抵抗の名称は「インピーダンス」という。そう、これは第1章のDIのところでも出てきたね。本来の意味は同じなのだけど、楽器との接続のインピーダンスはまた別の説明が必要になってくるので、第5章を参照されたし。

このインピーダンスはPA機器（というか音響機器）の中でも手を変え、品を変え出てくる。このスピーカーのところでも重要だからきっちり把握しよう。

※本書ではけっこうかいつまんだ説明（現場に必要な程度）に終始しているので、そのように受け止めてほしい。電気／電子／音響関係の専門家の方、苦情は受け付けておりません。悪しからずご了承ください。

スピーカーが抵抗？

「スピーカー＝抵抗」とすると意味合い的にも印象的にもそぐわないかもしれない。しかし、実際は、「スピーカーは抵抗」として考えた方が便宜的に話が簡単になるので、少々強引だがこのまま進めさせていただく。

たとえばAというスピーカーとBというスピーカーが2台ずつ（ステレオ）あったとする。Aは8Ω、Bは4Ωということにしよう。

　ここでCというパワーアンプがあり、カタログなどを見ると、出力の欄に「1000W + 1000W」の後ろに「（4Ω）」というような数字が書いてある。これは「接続したスピーカーが4Ωのときに1000W + 1000Wの出力が出ますよ」ということである。つまり、このパワーアンプにBの4Ωのスピーカーを接続すると1000W + 1000Wの出力になる、ということである。

　では、Aのスピーカーを接続したらどうなるか。

　この場合、抵抗が倍になる。倍になるということは「流れにくくなる」ということになるので、「500W + 500W」の出力になるのだ。※

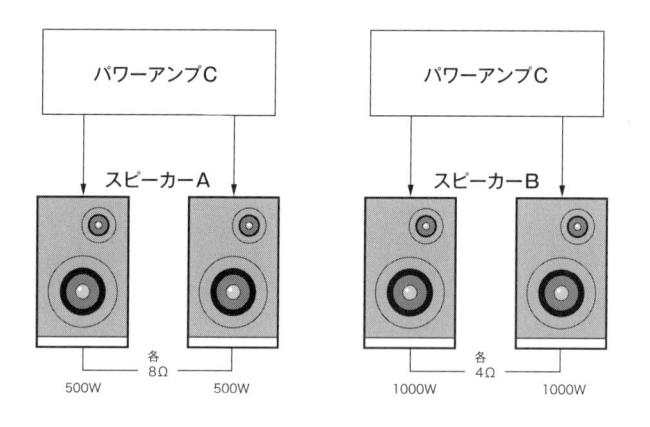

パワーアンプC	パワーアンプC
スピーカーA 各8Ω 500W / 500W	スピーカーB 各4Ω 1000W / 1000W

※これは理論値で、実際に倍になるわけではない。実際は1.5倍程度になる。説明上わかりやすいようにしてあるので、詳しくは使用するメーカーのアンプのカタログを確認してほしい。以降の説明も同様。

やったー！

「そうかそうか、じゃあ、抵抗が少ない方がアンプの出力が上がるのだな。じゃあ、限りなく抵抗を少なくすれば、限りなく出力が多くなるということか」

と思っているアナタ。途中までは合っているぞ。まあ、今はこのままで、次へ進んで欲しい。

ここでオームの法則登場

このように、ステレオアンプのLRの出力に2つのスピーカーを接続した場合には、カタログのとおりになる。ではどういうときにオームの法則を考えるのか、というと

「パラって」

と言われたときだ。

これはたとえば、メインのスピーカーを片側2台ずつ設置するときの状況がそうだ。

パワーアンプ1台でステレオ分の出力があるのだから、左右に1台ずつ設置するときには、そのままLRの出力をそれぞれに接続すれば設置完了。しかし、片側を2台にして同じ信号を送る場合に、スピーカーのところで、パラレル接続にする。これを「パラる」という（次ページ図参照）。

▼パラレル接続

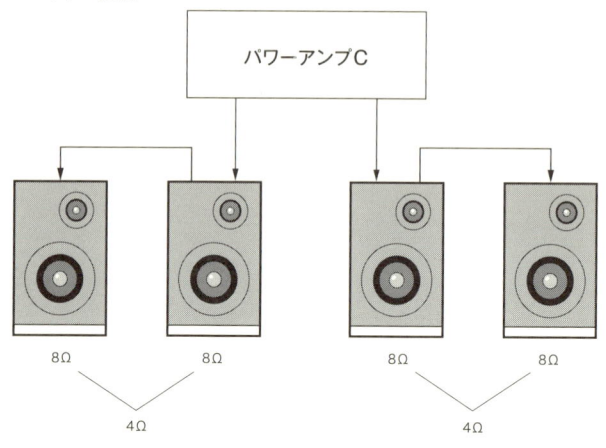

```
           パワーアンプC
    ┌─────┬─────┬─────┐
    ↓     ↓     ↓     ↓
  [SP]  [SP]  [SP]  [SP]
   8Ω    8Ω    8Ω    8Ω
    └──┬──┘     └──┬──┘
      4Ω          4Ω
```

　スピーカーにはたいてい「PARALLEL」とか「THRU（スルー、サッカーのスルーパスと同じ意味)」、または「IN/OUT」という端子が付いていて、別の（ここでは隣の）スピーカーへ「パラレル（並列）」接続できるようになっている。

パラレル用端子

　この「並列」が問題。

　ここでオームの法則が生きてくるのだ。オームの法則でいう並列接続の式は、

$$R = \frac{R1R2}{R1 + R2}$$

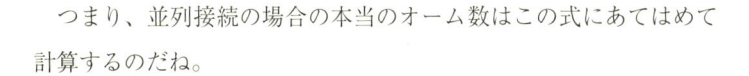

つまり、並列接続の場合の本当のオーム数はこの式にあてはめて計算するのだね。

「ぎゃー、出た！　こういうのがわからんのだよ！」

というアナタ。大丈夫、ダイジョウブ。これは抵抗数の違うスピーカーをパラレル接続するときの式。PA の現場ではそういうことはほとんどない。もしそのような場面があるとしたら、間に合わせのスピーカーをどこかから借りてきたときだけ。通常は同じタイプのスピーカーをパラってるだけなので、単純に１／２、つまり２で割ってあげればいい。

たとえば、片側だけで考えてみよう。L 側の出力は1000W、ここに８Ωのスピーカーをパラレルで２台接続した場合には、２台のスピーカーの共通オーム数を２で割った数、つまり４Ωの抵抗がかかる、ということ（左ページ上図参照）。つまり1000W の出力で２台のスピーカーが駆動する、ということだね。R 側も同じ理屈。つまり片側４Ωのスピーカーを LR の両方で使っていることになるんだ。

> ● COLUMN
>
> **前**述のように、実際にはこのように正確に倍になったり１／２になったりということはない。ここで紹介している AMCRON（アムクロン）というメーカーの「XLS 602」というモデルのカタログでは、
> 　８Ω時　370W + 370W
> 　４Ω時　600W + 600W
> ということになっている。ここでの説明はオームの法則を身近に感じられるようにしてあるだけなので、鵜呑みにしないこと。

抵抗が少なくなるとどうなるか

　ここで、先ほどの「限りなく抵抗を少なくすれば、限りなく出力が上がる」という問題だけど、アンプは抵抗がなくちゃダメなのだ。抵抗がないとういことは「ショートしている」ということ。

　たとえば、電池と豆電球をつなぐと光るよね。この場合豆電球は立派な抵抗で、光が付くことで抵抗としての役割を果している。これが、豆電球がなくて（つまり抵抗がなくて）、＋と−を直結したらショートして電池が壊れてしまう。

　これと同じようにアンプも抵抗が少なければ少ないほど負荷（負担）がかかっていくのだ。だから、アンプのカタログにある想定オーム数を下回らないようにすることは、暗黙の了解になってるんだ。

パワーアンプの出力とスピーカーの許容入力

　それから、いくらパワーアンプとスピーカーのインピーダンスを計算してあっても、スピーカーの許容入力（どれだけの入力を受けられるか）が小さければ、たとえアンプの出力が大きくてもそれだけの出力は出ないことはいうまでもない。

　たとえば、500Wの許容入力のスピーカーに1000Wもぶち込んだ

ら、スピーカー自体が破損してしまう。よって、機器の接続のプランを立てるときには、インピーダンスと許容入力を参照しておこなうこと。

ミキサー側からの信号をアンプへ接続する

無事、電源が確保できたら、ミキサー側から送られてきた信号をパワーアンプへ接続する。

ここでの配線は次のとおり。

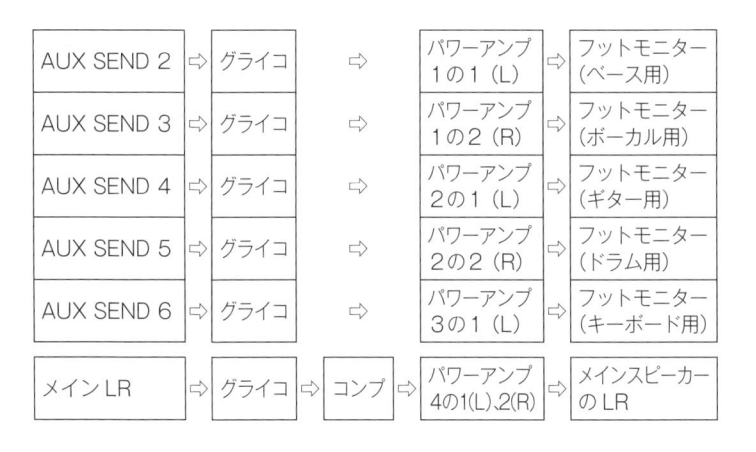

AUX SEND 2	⇨	グライコ	⇨	パワーアンプ1の1 (L)	⇨	フットモニター（ベース用）
AUX SEND 3	⇨	グライコ	⇨	パワーアンプ1の2 (R)	⇨	フットモニター（ボーカル用）
AUX SEND 4	⇨	グライコ	⇨	パワーアンプ2の1 (L)	⇨	フットモニター（ギター用）
AUX SEND 5	⇨	グライコ	⇨	パワーアンプ2の2 (R)	⇨	フットモニター（ドラム用）
AUX SEND 6	⇨	グライコ	⇨	パワーアンプ3の1 (L)	⇨	フットモニター（キーボード用）
メインLR	⇨	グライコ	⇨ コンプ ⇨	パワーアンプ4の1(L)、2(R)		メインスピーカーのLR

● COLUMN

パワーアンプは通常ステレオ仕様になっているが、これをモノラルで使用し、出力を上げるということも頻繁におこなわれる。これを「BTL（ビーティーエル）接続」または「ブリッジ接続」という。このBTLという言葉は諸説があって、「Bridged Trans Less」や「Bridged Transformer Less」、「Balanced Transformer Less」の略とされる。

名前の諸説はともかく、目的は2つのステレオアンプをモノラルにして、出力を上げるというものには違いはない。ただ本書では、パワーアンプはすべてステレオで使用することを前提としているので、ここでは触れない。

コネクターボックスとメイン用アンプの接続

前項の表通りに接続するのだが、混同を避けるためにメインスピーカーの接続を先におこなおう。

コネクターボックスの23、24からパワーアンプのINPUT 1、2へ接続する。ここではマイクは使っていないけど、マイクケーブル（要するにキャノンケーブルだね）を用いる。コネクターボックスのパラの方（側面）のオス端子が付いている23、24から、パワーアンプ4のCH（チャンネル）1、2に接続すればよい。

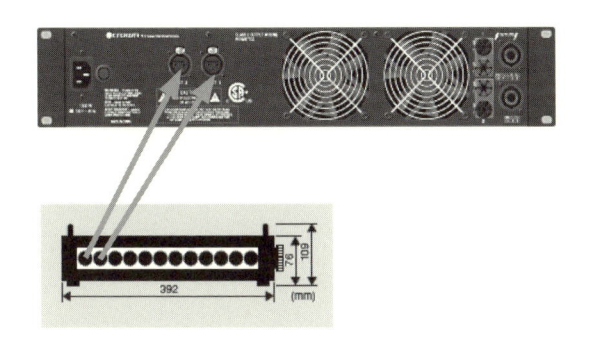

スピーカーケーブル

　続いてアンプからスピーカーへの接続だ。

　これまでと違い「スピーカーケーブル」という専用のケーブルを用いる。これまで使用してきたマイクケーブルは、「バランス接続」するために、＋、－、グランド（正確には、ホット、コールド、グランド）という3本の線のケーブルだったけれど、スピーカーケーブルは＋と－（ホット、コールド）のみのケーブル。

　また端子も、これまでのキャノン端子ではなく「スピコン（SPEAKON）」という端子になっている。このスピコンは、パワーアンプとスピーカーを接続する専用端子で、キャノンとは装着方法が異なる。キャノンはただオスとメスを接続すれば、カチッと音がしてロックされるが、スピコンはオスとメスを接続したあと、オス

側を右に回してロックするようになっている。ただ、メス端子にオス端子を入れただけだと簡単にはずれるので注意しよう。

アンプ側、つまり出力側にはスピコンタイプもあるし、「バナナプラグ」と呼ばれるやや特殊な形状の端子が使われることもある。

またキャノン端子を装備したアンプやスピーカーもあるので、ケーブルがスピーカー用なのかマイク用なのかを必ず確認するようにしよう。

あるいは、フォーンケーブルを使うこともある。たいていの場合、現場で困らないように、スピーカーケーブルのみケーブルの色を変えて区別できるようにしてあるハズだ。

アンプ、スピーカーはいろいろな端子に対応できるようになっており、どの端子を採用するかは、PA会社によって異なる。

接続の実際

スピーカーケーブルのスピコン端子を、パワーアンプのアウトプットのチャンネル（CH）1とチャンネル（CH）2に接続して、あとはスピーカーのINPUT端子へ、これもまたスピコンになっているので、それぞれ接続する。

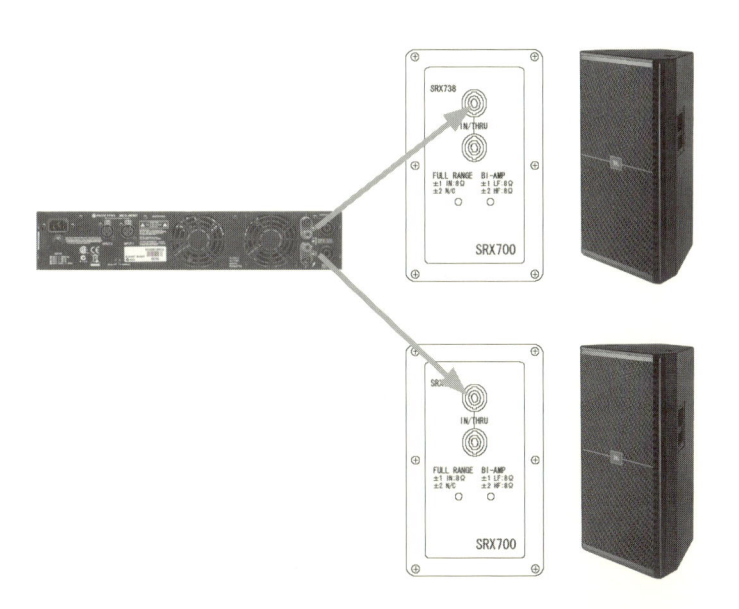

第3章 機器の解説と接続 その3 アンプとスピーカー

　そして、もう1本ずつスピーカーケーブルを用意して、隣にあるスピーカーと「パラレル接続」する。これは何の問題もないはず。カチッとロックされるよう右に回すことをお忘れなく。〈写真はJBL VERTECシリーズ〉

パラレル接続

127

電源スイッチを入れる

　これでメインスピーカーの音が出るようになった。あとはミキサーのエンジニアからの合図を待って、電源スイッチを入れる。

　このとき、ボリューム（あるいはゲイン）、CH 1、2のツマミが左いっぱい、つまりボリューム"0"になっているのを確認してから電源スイッチを入れる。これはもし何らかのトラブルが起きてノイズが発生しているとか、すでにミキサー側から音声を送っている場合に、突然大音量で音が鳴り、スピーカーを損傷する恐れがあるからだ。

● COLUMN

　アンプだけに限らないが、ツマミをどのくらいの位置にするかを指示するときに、時計の針に見立てる。これはメーカーや機器によって、ツマミの位置を示す単位が異なり、それらをいちいち覚えていられないからだ。

　たとえば中央の位置は「12時」、ちょっと右寄りを「2時」などと称し、「アンプはとりあえず12時で」というように使う。

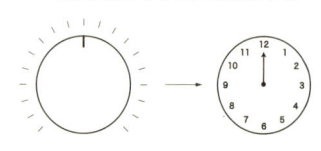

▼時計に見立てて位置を確認する

第3章 機器の解説と接続 その3 アンプとスピーカー

パワーアンプとモニターの接続

　続いて、フットモニターへの接続をおこなおう。メインスピーカーとの接続と何ら変わりはなく、スピーカーのモデル（フットモニター用になる）が異なるだけだ。

　ここでもう一度確認のため、配線表を見てみよう。確認のためなので、コネクターボックスのチャンネルも列挙しておく。グライコが本当は間にあるのだが、見にくいので省略してある。

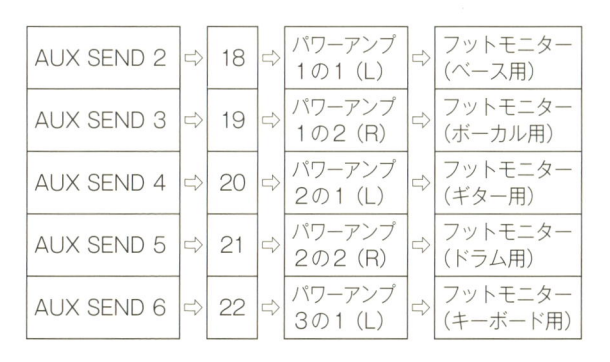

AUX SEND 2 ⇨	18 ⇨	パワーアンプ1の1 (L) ⇨	フットモニター（ベース用）
AUX SEND 3 ⇨	19 ⇨	パワーアンプ1の2 (R) ⇨	フットモニター（ボーカル用）
AUX SEND 4 ⇨	20 ⇨	パワーアンプ2の1 (L) ⇨	フットモニター（ギター用）
AUX SEND 5 ⇨	21 ⇨	パワーアンプ2の2 (R) ⇨	フットモニター（ドラム用）
AUX SEND 6 ⇨	22 ⇨	パワーアンプ3の1 (L) ⇨	フットモニター（キーボード用）

　フットモニターはこんな形をしている。斜めに置くことで演奏者に聞こえやすいようにしてあるのだね。通称「コロガシ」なんていう。語源は「転がして置いておく」だと思うが定かではない。

▼フットモニター（SRX721M）

ボーカルのフットモニターをパラる

　ボーカルは一番モニターを必要とするので、ここだけ両耳、つまり左右からモニターが聞こえるようにパラっておく。パラレル接続の要領は、メインスピーカーと同じだ。スピコン端子の付いたケーブルをもう1台のフットモニターへ接続すればよい。

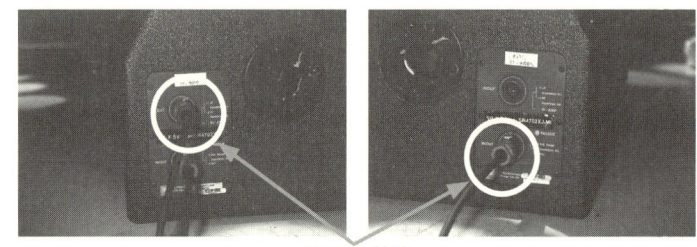

パラレル接続

　こうすると、正面1台だけよりも聞きやすくなる。

ボーカル用の2台のフットモニター

これで機器の理解と同時に配線がすんだね。

本書では1～3章まででじっくりと説明しているけど、実際の現場ではこれらの「仕込み」を1～2時間で終わらせなくてはならない。だから、初めて現場に出るようなときには、頭の中で何をどうするか、何度もシミュレートしてから現場に臨むべし！　でないと、周りにスタッフが入り乱れる中で自分が何をしていいのかわからなくてパニックを起こすか、ボーッと突っ立てるだけになっちゃうぞ。

次の章では、現場での実際の操作や流れを解説するよ。

第 4 章

現場での操作と流れ

さてさて、ここから本番に向けた第2段階に突入する。仕込みは終わり、配置も配線も OK。あとは音を確認しながら、実際の音作りやリハーサル、そして本番、撤収だ。

　しかし PA では、本番中は、そんなにやることは多くない。それよりも本番がはじまる前の音作りを念入り（とはいえ、そんなに時間はかけられないが）におこなっておき、本番中はトラブルが起きないように監視したり、曲調に合わせたミキシングが中心になる。

　つまり、音の確認（サウンドチェック）と音作りが本番を成功させる重要なカギとなる。

ここでの手順は

☐ **サウンドチェック**
☐ **回線チェック**
☐ **マイクアレンジ（マイキング）**
☐ **音作り〜リハーサル**
☐ **本番**
☐ **撤収**

ということになる。順序を追って説明していこう。

サウンドチェック

「サウンドチェック」は、「スピーカーチューニング」ともいう。

スピーカーの特性を、グライコを使って会場の音響特性に合わせるという作業だ。これが決まるか決まらないかで、PA全体のサウンドの良し悪しが分かれてしまう重要な作業だ。

ミキサーのフェーダーやツマミの位置

アンプのGAIN（ボリューム）は、メインの出力を最終調整するものなので、会場の大きさなどに合わせる必要があり、ここでは仮に12時の位置くらいにしておく。

この状態で、ミキサーのMAIN MIXのフェーダーを規定レベルにする。この規定レベルとは、電気的にブーストもカットもしていない位置のことで、通常は0db（デシベル）の位置である。ここで紹介している1640では「U（Unity Gain、ユニティゲイン＝電気工学上の"ゲインが1：1"で利得がない状態）」としているが、意味は同じである。

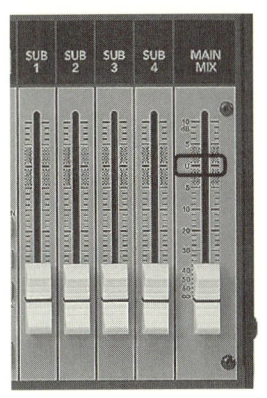

つまり、電気的にフラットな状態にしておき、そこから大きすぎる場合にはアンプのGAINを下げ、小さすぎる場合にはアンプのGAINを上げる、ということになる。

MAIN MIXは出力だが、AUX MASTERも出力のうちの1つ。AUX 1～6までのツマミも「U」の位置にしておく。

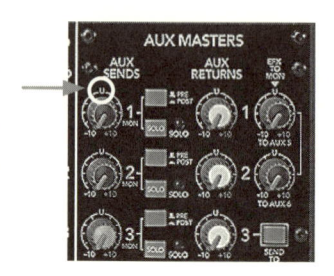

声でチェック

サウンドチェックの手順は、まずミキサー席でエンジニアがミキサーの空いているチャンネルにマイクを接続し、自分の声をメインスピーカーから鳴らす。自分の声は普段から聞き慣れているもので(もちろん風邪を引いているときにはこの限りではないが)、これを頼りにチェックしていく。

このときしゃべるのは
「アー、ハー、ヘイ、チェック、ワンツー、チッ」
などの言葉だ。

いつの頃からはじまったのかは不明だが、PAでサウンドチェックといえば、これらの言葉を使うのが定番になっている。これらの言葉

をマイクでしゃべり、くぐもっていたり耳が痛くなるようなきつい聞こえ方をしたりしている周波数を、グライコを使って調整していく。

▼「チェック」としゃべったとき

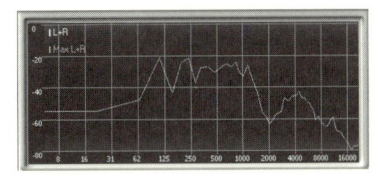

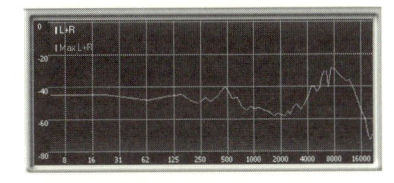

▼「チッ」としゃべったとき

参考までに、サウンドチェック用のこれらの言葉をしゃべったときの周波数特性は右のとおり。ただし、これは極めてフラット（クセのない）状態での「僕の声」のデータなので、鵜呑みにせず実際に自分の声の響き方を体得して欲しい。

● COLUMN

このチェック用の言葉は、エンジニアによって微妙に異なる。「チェック」、「ワンツー」は割りとポピュラーだが、その他では「テス（ト）」「ハロー」「ズィー」「シェイク」などなど。これは最初に入った会社の先輩エンジニアや師匠の言葉を受け継ぐことが多い。

よって、チェックの言葉で、
「ああ、この人は○○会社出身だな」
とか、
「○○さんの弟子だったのだな」
とか、予想がつくことがある。

まあ、結果的にはチェックさえできれば何をしゃべってもいいのだ。

リファレンス CD でのチェック

　声でのチェックが終わると、最終的に「音楽的」なチェックをするために CD を流す。これもお気に入りというか耳になじんだアーティストの CD を流して、周波数を調整していく。音楽的な流行り廃りではなく、チェック用なので十分聞き込んでいて、周波数分布が広いものにするべきだ。

● COLUMN

　いくら聞き込んでいるとはいえ、周りのスタッフや関係者が「ガクッ」とくるような類のアーティストは避けるべきだ。

　僕が昔、在籍していたハードロックバンドとともにあるコンサートに出演したとき。サウンドチェックで、当時大ブームだったアイドル歌手（♪なーぎ○ーのバ○○ニーで待ってて♪）の CD を流されて、バンドのメンバー全員で「本当にこのエンジニア大丈夫かな？」と囁きあったものだ。結果は……ご想像にお任せします。

　逆にミュージシャンのツボにハマる極上のアーティストの CD を流されると「おお、このエンジニアわかっているな」と安心して任せられるのだね。

　エンジニアの力量とは関係ないのだけど、サウンドセンスを問われている部分でもあるので、流す CD のアーティストには注意しよう。

　定番は「ドナルド・フェイゲン」の「ナイトフライ」。これは 1982 年発売の比較的古いものだが、今でも使っているエンジニアは多い。

スピーカーの位置を調整する

　スピーカーはただ置けばいいというものではない。会場の観客がどの位置でもクリアに聞こえるように、スピーカーの向きや角度を調整する。これはリファレンス用CDをかけっぱなしにしておき、観客席を歩き、実際にイスに座ってチェックしていく。

モニター用サウンドチェック　その1

　メインのスピーカーチューニング（＝サウンドチェック）が終わったら、フットモニターへ信号を送り、きちんと配線されているかをチェックする。

　このとき、AUX SENDごと個別に信号を送り、該当するフットモニターからきちんと鳴っているかを先にチェックしておき、グライコによるハウリング対策は後回しにすることが多い。本書でも、ここではAUX別のチェックのみとし、ハウリング対策については後述する。

　エンジニアは、まず自分の声が鳴るようにマイクを接続したチャンネルのAUX SEND 2から6までのツマミを適度（この部分には

Uの位置は示されていないので、12時程度が適度ととらえてほしい）に回して上げ、対応するフットモニターから音が鳴るかをチェックする。当然、エンジニアはミキサーのところにいるわけだから、アシスタントやスタッフがこれをチェックする。

エンジニア：この音、ベースのフット（モニター）から出ていますか？
スタッフ ：はーい、ベースのフットでーす。

というような会話がおこなわれるはずである。

　ステージとミキサー席が離れている場合には、OKのときは腕を丸くして「OK」を表し、NGの場合には腕で×印を作って表すこともある。

　このように、すべてのフットモニターが AUX SEND の番号と一致することを必ず確認しておく。

回線チェック

サウンドチェックが終わったら、回線チェックをおこなう。

この回線チェックでは、コネクターボックスの番号とマイク、そしてミキサーのチャンネルがきちんと接続されているかを確認する。これもエンジニア1人ではできないので、スタッフと共におこなう。

チャンネルの操作

エンジニアは、チャンネルがオンになっている（あるいはミュートされていない）のを確認し、チャンネルのフェーダーをU（あるいは0db）の位置にし、そのチャンネルのGAINツマミを右に回して（つまり上げて）、信号が入ってくるのを確認していく。

> ● COLUMN
>
> ここでまたしても「U」という位置が出てくるが、前述のとおり、これはチャンネルの状態を電気的にフラットな状態にし、ゲインでマイクの感度（正確にはチャンネルの入力感度）を調整するのが原則だ。
>
> ただし、これはあとにリハなどで実際に楽器の音を拾ってみて決定する。ここでは、あくまで回線が接続されているかをチェックするのが目的だが、基本的にフェーダーは「U」の位置にしておくということを覚えておこう。

ダイナミックマイクが接続されているチャンネル

エンジニアの指示により、スタッフは該当するチャンネルに接続されたマイクをチェックしていく。

まずはダイナミックタイプの場合だが、これは直接マイクに向って、

「チャンネル1です。マイクはSMゴッパーです。マルチ（コネクターボックスという意味）の1です。」

というように、実際にしゃべってもらう。

コンデンサーマイクが接続されているチャンネル

コンデンサーは非常に感度が高いので、いきなりしゃべると大音量が鳴ってしまうことが多い。よってコンデンサーの場合は、指先、しかも爪のあたりでマイクのヘッド（先端）部分をこする。カサカサ、という音が鳴るはずだ。これで該当するチャンネルに接続されているかをチェックする。

この部分を爪でこする

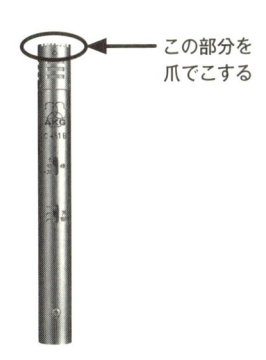

DIが接続されているチャンネル

DIは、楽器がつながっていないとチェックができない。そこで、「ホットタッチ」と呼ばれる方法でチェックをおこなう。

ホットタッチとは、DIのINPUTにフォーンケーブルを接続し、接続されていないフォーン（ここにあとで楽器が接続される）端子のホット（チップともいう）の部分を手のひらに接触させ、「ビー」というノイ

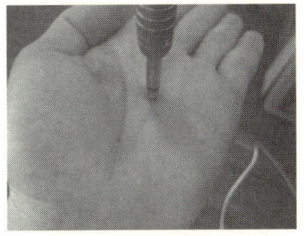

▲ フォーン端子は先端だけがホットで、周りの金属部分はグランドになっている。ホットだけ触るように、ケーブルを右手で持って金属部分に触れないようにしておこなおう

ズが出るかで確認する方法だ。くれぐれもホット（＋）の部分だけにタッチするように。

エンジニアは、チェックとはいえノイズ成分が発生するので、ゲインの調整は十分に注意しよう。

リバーブのチェック

　リバーブは、残響音だと説明したね。もともと建物の残響音を再現するのがリバーブなので、会場がホール級の広さならあまりかける必要はないのだけど、ボーカルだけには十分にかかるよう配慮しよう。

　リバーブは AUX SEND 1 に接続してある。よって、AUX SEND 1 のツマミを右に回して、さらにリターンチャンネルの 15、16 のフェーダーを U の位置まで上げておく。これで準備が完了。

　あとはリバーブのパラメーターだが、ボーカルには「Hall」などのプリセットよりも「Plate」など比較的残響音の時間が短めのものをチョイスしておこう。あまり長い時間の残響音は、ボーカルを濁らせてしまうからだ。ただし、これは会場の残響音にもよるので、実際に聞いて判断していくしかない。

　また、リバーブのパラメーターの中で、もとの音（たとえばボーカル）と残響音の割合を調整するものがある。多くは「W／D（ウェット／ドライ）」や「Balance」と呼ばれるパラメーターだが、この部分を必ず残響音のみ出力するようにしておこう。これは、チャンネルに入力されたボーカル音は何もかからずに、そのまま MAIN から出力されるので、SEND からリバーブへ入力された残響音といっしょにもとのボーカル音が出力されてしまうと、ボーカルが二重に出力されてしまうからである。

マイクアレンジ(マイキング)

マイクアレンジとは、マイクを楽器に向けることで、具体的にはドラムやギターアンプなどにマイクを置くという作業になる。

実際はマイクをコネクターボックスに接続するのと並行しておこなわれることが多いが、最終的にはエンジニアがどのような音を作りたいかで決定されるので、本書では別の作業として解説する。

マイクアレンジの基本

マイクアレンジは、ただ単に楽器にマイクを立てればよいというものではない。現場で使うマイクはほとんどが「単一指向性」という決まった範囲でしか音を拾わないタイプのマイクである。つまり、そっぽを向いていては、きちんと音を拾わないし、ちょっとした角度で音質が変わってしまう。

また、楽器に向かってマイクを近づけて設置することを「オンマイク」、離して設置することを「オフマイク」という。

● COLUMN

マイクには、単一指向性の他、「双指向性」、「無指向性」などがある。レコーディングスタジオではこれらのものを使う場合があるが、PAでは基本的に単一指向性のものを使うのが原則。マイクによっては、これらの指向性をスイッチで切り替えられるものもある。

マイクアレンジ＝マイクスタンドの操作

マイクアレンジでは、マイクスタンドを操作して角度を付けたり伸ばしたりするのだがこのとき、何かの拍子にマイクフォルダーからマイクが落ちてしまわないよう、常にマイクを持って作業するようにしよう。

またマイクスタンドの足は3本あるが、
「マイクが向いている方向にこの3本の足のいずれかが平行に向くようにする」
と声高に指令する人もいる。が、僕はこの意見は「基本的に」は正しいと思うが、実際の現場の設置状況によるものだと考えている。たとえばただでさえ、スタンドだらけのドラムでは、この法則を無理に守ろうとすると、ドラムの設置場所を変えなくてはならなくなるからだ。プレーヤーの演奏スタイルを損なわないように設置するのが基本だといえる。

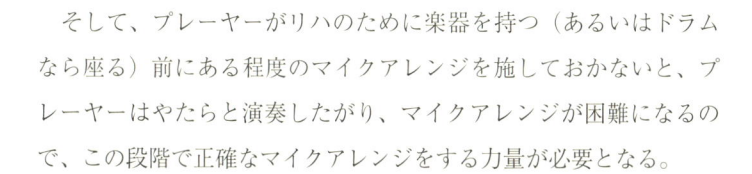

そして、プレーヤーがリハのために楽器を持つ（あるいはドラムなら座る）前にある程度のマイクアレンジを施しておかないと、プレーヤーはやたらと演奏したがり、マイクアレンジが困難になるので、この段階で正確なマイクアレンジをする力量が必要となる。

楽器別のマイクアレンジの手順

ドラム

■バスドラム

バスドラムは通常、表（客席側）にマイクを入れるための穴が空いている。ここにマイクスタンドの軸を伸ばしてなるべく打面（バスドラムのビーターが当たるところ）を狙ってマイクを設置する。

真正面から狙うと、バスドラムを叩いたときに風圧（空気の振動）がマイクにあたり、「ブワッ」という別名「吹かれ」を拾ってしまうので、やや角度をつけて狙うのが基本だ。

▼バスドラムを上から見たところ

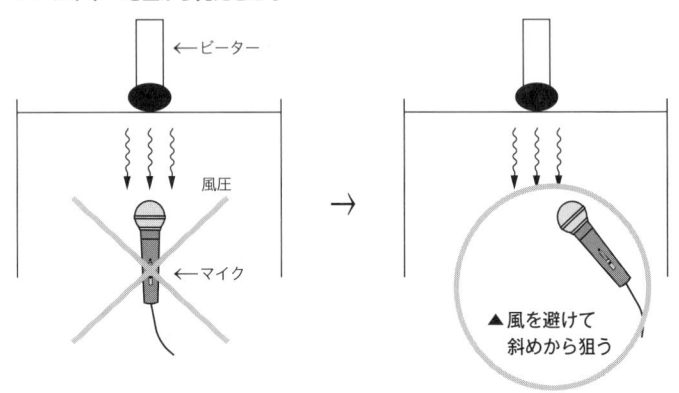

←ビーター
風圧
←マイク

▲風を避けて斜めから狙う

■スネア&ハイハット

スネアとハイハットを別々のマイクで拾う場合、両方ともオンマイクで設置する。スネアのマイクはハイハットの下側から打面を狙うようにし、ハイハットは真上から狙う。

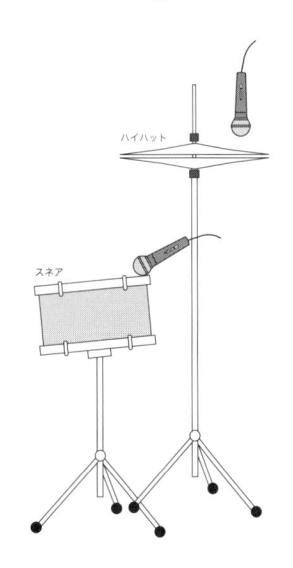

ハイハット
スネア

■トップ

トップはシンバル類とタムを広範囲に拾うようにオフマイクで設置する。マイクスタンドを伸ばして、上から全体を狙えるようにする。

この距離（高さ）感はエンジニアの好みになるが、結局このトップの位置では、スネアやハイハットも拾ってしまう（意図しないものを拾ってしまうことを「カブリ」という）ことになるので、どの程度の高さにするかは実際にドラムを演奏してもらっての判断になる。

■ギターアンプ

ギターアンプは、スピーカーの部分に垂直になるように狙うのが基本。ただし、中心の部分はほとんど音が出ない（というと語弊があるが）ので、その周りのコーン紙（紙ではないものもあるが）を狙うのがポイント。スピーカーの口径が大きいものは、バスドラムと同様、真正面から狙うと多少吹かれる場合があるので、少しだけ角度を付けておこう。

また、ギターアンプによっては、2～4つのスピーカーが装備されているものもあるが、いくつ付いていようともマイクは1つのスピーカーのみを狙うようにする。

> ● COLUMN
>
> 現場で困るのが「マイクアレンジ」と「ケーブル整理」が"とてもとても大好きな"スタッフである。
>
> 現場では、どの時点が「仮」で、どの地点から「本番に近い」のかを判断して行動する必要があるのにもかかわらず、この「仮」の時点でひたすらマイクの角度を調整して時間を費やしたり、マイクアレンジがすんでいないケーブルを整理（いらないケーブルを整理するのは当たり前だが）して固定したりするのは本当に困る。マイクをアレンジし直したら、またケーブル整理をやり直さなくてはならないのに、ひたすら、ちょこまかと整理する。こういうスタッフが1人いるだけで、全体の時間を無駄にするのだ。しかし、本人は「俺はなんていいスタッフなんだ」と思い込んでいるので、いつも同じことをする。
>
> やっと音が決まった、と思っているときに、「あ、ちょっと角度が違うな～」とスタッフが勝手にマイクの位置を変えたら、またやり直すことになる。本当に勘弁してほしい。
>
> マイクアレンジはエンジニアが決めたとおりにし、指示がなければ絶対に動かさない。そしてケーブル整理はすべてのセッティングが終わったあとにする。これは現場での鉄則だ。

■ボーカルとコーラス

　ボーカルとコーラスのマイクは、特にマイクアレンジをする必要はない。が、リハーサルのためにプレーヤーがステージに登場する前には、マイクスタンドをきちんと設置し、いつでもボーカルやコーラスが歌えるようにしておく。

ケーブル整理

　コラムでも書いたが、「回線チェックおよびマイクアレンジがすんだ時点」で、ケーブルの整理をおこなう。いらないケーブルをしまうのは回線チェック前にすませておくので、ここでのケーブル整理とは、コネクターボックスからマイクに接続されているケーブルをステージでの演奏の邪魔にならないように整理することを指す。

　楽器類のマイクは、出演者が代わることがない限りほとんど動かすことはないので、マイクスタンドの下側（3本の足の中央）部分に邪魔にならないように3～5巻き（巻き方は撤収の項目を参照）くらいの束を作っておく。

メインのボーカルはマイクを持って移動することがあるので、同じようにマイクスタンドの下側に巻いておき、加えて、5巻きくらいの余裕を、ボーカルの後ろ（たいていはドラムの前になる）あたりに作っておく。こうすることによって、ボーカルはケーブルがからまずに安心して動くことができるようになる。

モニター用のサウンドチェック　その2

　チェックの最後にフットモニターのサウンドチェックをおこなうが、ここでは主にハウリング対策を目的とする。

　特にボーカルはモニターから自分の声が聞こえなくては実力を発揮できないので、どうしても音を返す音量が大きくなり、結果としてハウリングが起こりやすくなるため、入念にハウリング対策をおこなう必要がある。

　この作業もスタッフとエンジニアのコンビでおこなう。

　手順としては、ボーカルのチャンネルをオンにし、そのチャンネルのAUX SEND 2のツマミを右に回してしゃべってみる。

　まずは、モニターしやすい（聞きやすいという意味）音質にするために、グライコを操作する。この時点でフットモニターに近づいたり、マイクとフットモニターの角度をいろいろと変えてみたりして、

ハウリングが起こるポイントを探していく。同じ音量でもハウリングが起こっている周波数を下げることで、ハウリングが少なくなるので、その分、モニターへ返す音量を上げられるということになるのだ。

慣れてくるとハウリングが起こり（通称「ハウる」）、その「ピー」とか「キーン」という音を聞いただけでどの周波数がハウリングを起こしているかが判断できるようになる。

ただハウリングが起こって、たとえば2.5kHz近辺だと見当がついてそのポイントを下げても、まだハウリングが収まらないことがある。これは、ハウリングは特定の周波数だけで起こるわけではないからだ。

このような場合、その周波数の2倍あるいは1／2のポイント（5kHz、1.25kHz）も下げてみるとよい。ハウリングは単純に起こるのではなく、関連した周波数で同時に起こる、ということを頭に入れておこう。

● COLUMN

それでもハウリングが起こるときには、フットモニターの位置や角度を調整してみよう。

また、ハウリングが起こらないようになっても、わざとハウリングを起こす状況（マイクを手で囲うなど）を作って徹底的にチェックをすること。なぜなら、ボーカリストはハウリングが起こると、とっさにマイクを手で囲うからだ。これは僕にもなぜだかわからないが、それがかえってハウリングを起こすことを知らないのだね。

音作り〜リハーサル

　ここまでできたらプレーヤー（バンド全体）たちに登場してもらい、リハーサルに突入する。プレーヤーは楽器を持つとすぐに演奏したがる。下手をするとセッションがはじまったり、練習しだしたりする。こうならないよう、仕切っていくのもエンジニアとスタッフの務めだ。プレーヤーはリハーサルをしたい、しかしエンジニアは音作りをしたい、これをうまく合致させながら進めていく。

　ここでスタッフの役割は、エンジニアからの指令をプレーヤーにわかりやすく「翻訳」していくことだ。もちろん、場慣れしたプロのプレーヤーならすぐにエンジニアの言っていることがわかるはずだが、もしリハーサル自体の意味をよくわかっていないプレーヤーの場合にはこのような対処が必要になってくる。

ドラムの音作り

バスドラム

　まずエンジニアは、バスドラム（キック）を叩いてもらう。ここでエンジニアは、
「キックの音ください」

とミキサー側のマイクでドラマーに言う。慣れているドラマーならすぐに反応してくれるが、コンサートやライブがはじめてというドラマーだったら、何を言われているのかわからないはずである。ここでスタッフは、ドラマーに、

「バスドラムを踏んでください。"ドン"、"ドン"、"ドン"（わざと間を空けて言おう。でないとダダダダと高速で踏むからだ）と続けて、OK が出るまでお願いします。」

と「翻訳」する。

　バスドラムを踏んでいる間、エンジニアは GAIN を調整したり、EQ で音質を調整したりする。

スネアとハイハット

「次スネアください」
とエンジニアはドラマーに言う。スタッフは、
「スネアをパン、パン、パンと叩いてください」
と翻訳する。

「次ハットください」
とエンジニアはドラマーに言う。スタッフは、
「ハイハットをチ、チ、チと叩いてください。」
と翻訳する。
エンジニアはさっさと GAIN と EQ を調整してかなくてはならない。

タム類

　タムはドラムの中でも隣接して設置されるため、マイクのカブリ（他の楽器の音を拾ってしまうこと）が多い。ある程度のカブリを計算に入れつつ調整していくことになる。

　エンジニアは、
「ハイタムください」
と言う。スタッフは、
「小さい方のタムをドン、ドン、ドンと叩いてください」と翻訳する。
　これを、ハイ、ロー、フロアータムすべてに渡っておこなう。
　そして各タムの調整が終わったら、
「タム回してください」
とエンジニアが言う。スタッフは、
「タム全部をダガダガとオカズみたいに叩いてください」
と翻訳する。こうして、タムのバランスを取っていくのである。

トップ

　「トップください。」
とエンジニアが言ったら、
「クラッシュシンバルとライドシンバルを交互に叩いてください。」
とスタッフは翻訳する。特にクラッシュはアクセントを付けて叩くため音量が大きいので、GAINには注意しよう。

ドラム全体

続いて、
「リズムでください。途中で回してください。」
とエンジニアが言ったら、スタッフは、
「何か8ビートか何かのパターンで叩いてください。途中でタムやシンバルを使ったオカズ（フィルともいう）を入れてください。」
と翻訳する。

エンジニアは、ドラム全体を聞きながら最終的な GAIN と EQ を調整していく。

ベース

続いてベースに移る。

ベースはこれまで解説してきた通り、DIを経由している。まず、接続のチェックを忘れないようにしよう。INST側にベースを接続し、AMP側にはベースアンプを接続する。これで、ミキサーにもベースアンプにも信号が流れる。

ベースの音作りをする際に注意するのは、なんでもかんでも自分の音にしないこと。優れたエンジニアは、ベーシストがベースアンプから鳴らす音を聞き「ああ、こういう音が好きなんだな」と判断し、その音を参考にしてEQで音作りをおこなう。ロック系のブリブリと歪んだ音をベースアンプで作っているのに、PAからはパキパキのスラップ（チョッパー）に適した音が出力されていると、プレーヤーが混乱してしまうからだ。

スラップという話が出たついでに。

ベースには指弾き、ピック弾き、スラップと、大きく分けて3種類の奏法がある。特にスラップでのプル（右手の人差し指または中指で弦を引っ張る）では音が大きくなるので、プレイをよく聞いてGAINを調整しよう。またインサート端子にコンプを接続し、レベル

オーバーにならないように「保険」をかけておくのもよく使われる方法だ。

エレキギター

エレキギターはギターアンプをマイクで拾うので、ギターアンプからの出力がそのままミキサーへ入力される。よって、ギターアンプから出ている音を忠実に拾うことが肝心だ。

また、エレキギターではクリーン系の音と歪んだディストーション系のサウンドをエフェクトで切り替えることが多く、その際、音量が変わるので、エフェクトを実際に切り替えてもらい GAIN を調整する。

キーボード

キーボードはDI経由になる。ベースと違うのは、アンプがないということだ。よって、プレーヤーのイメージする音はキーボードから出力された音そのもの、ということになる。

むしろ気を使わなければならないポイントは音色による音量差である。シンセサイザーの場合、ブラス、ストリングス、ピアノ、オルガンなど音色を切り替える場合が多く、音色が変わるだけで音量がガラッと変わってしまう。ステージで使う音色をなるべく弾いてもらってGAINを調整していこう。

第4章 現場での操作と流れ

バックだけで演奏

　楽器系の音作りが終わったら、ボーカルがない状態で何か1曲演奏してもらおう。そうして全体のバランスやパンによる定位もここで調整する。

　パンは見た目、つまりバンドのプレーヤーが演奏している状態に合わせておくのが無難であるが、キーボードはステレオ出力なので、思い切って左右に振り切ったり、ドラムのトップのLRも多少広げ目にしたりしておくと、音が左右に散って抜けがよくなる。

　この時点で、プレーヤーのフットモニターにモニター信号（AUX SEND）を送っておこう。

全体で演奏

バックだけでの演奏のチェックが終了したら、いよいよボーカルに登場してもらい、1曲を通して演奏してもらう。ボーカルが入ったときのバックとのバランスを調整、あるいはリバーブが適切にかかるよう調整していく。

またボーカルのフットモニターにはボーカルを特に多めに送っておく。

モニターへの注文を聞く

演奏が終わったら、エンジニアはバンドのプレーヤーやボーカルにモニターが適切かどうかをたずねる。プレーヤー、たとえばギタリストから「自分のモニターにもう少しベースの音をください。」と言われたら、ベースが入力されているチャンネルの AUX SEND のツマミを上げる。また、ボーカリストに「自分のモニターにボーカルをもっと返してください。」と言われたら、ボーカルが入力されているチャンネルの AUX SEND のツマミを上げる。

エンジニアが、このような操作を迅速におこなうと、プレーヤーは安心して本番に臨めるので、戸惑わないよう AUX SEND の配置を頭の中に畳み込んでおく必要がある。

最終チェック〜リハーサル〜

アンプとコンプの設定

　モニターへの注文を解消したら、今度は別の曲を演奏してもらい、最終的なチェックをする。ワンマンコンサート（1つのバンドのみ出演）の場合には時間的余裕を見て、全体の進行通りに演奏することもある。ここからが「リハーサルの本番」ということになる。

　この時点で、メインのアンプのボリュームやモニターのアンプのボリュームを判断して変更しておく。また、ボリュームがすべて調整するのと同時に、コンプのセッティングもしておく。ここでは機材を守るための設定なので、RATIO（ｄｂｘでは"COMPRESSION RATIO"＝圧縮比）を「∞：1」付近、GAINは「0」付近、THRESHOLDを「−10」付近にセットしておこう。

　コンプの設定方法の詳細については、第5章を参照されたし。

本番前

　リハーサルが終了したら、休憩……ではなく、スタッフ／エンジニアともども本番に備えた用意をしておく。スタッフは使わないケーブルを片付け、マイクスタンドのネジに緩みがないかどうか、増し締めをしておく。エンジニアは使わない機材やケーブルを片付ける必要もあるし、観客を入れるときのBGMの用意もおこなう。

本　番

　本番がはじまったら、もうやることは限られてくる。エンジニアはミキシングに集中し、スタッフはトラブルがないかを厳重に見張り、それに対応する。

　しかし、リハーサルまできちっと手順を踏んでおこなっておけばトラブルはないハズ。起こるとすれば、マイクスタンドが倒れたり、ケーブルが断線して音が出なかったり、ということだ。この場合には、即座に（とはいっても、あわててドタバタ駆け回らない）スタンドを戻しに、そして予備のマイクとケーブルを差し替えるなどの処置を冷静におこなう。

● COLUMN
「トラブルが起こったら」

　もちろん、トラブルは起こらない方がいいのだが、起こったときには、冷静に対応するようにしよう。あわてていると、対処が見当違いになるからだ。それには、「こうなったらこうしよう」「ああなったらこうしよう」と普段から考える訓練をしておくとよい。まあ、イメージトレーニングだね。

　それから、せせこましいチョコチョコした様子でステージ上に上がらないこと。これは、本人は「目立たない迅速な行動」と思っているのだが、観客から見ると相当目立つのだ。

　その昔、あるコンサート（しかも武道館）に観客として行ったことがあるのだが、急にギターの音が出なくなった。見ているこちらの方

があわててしまったのだが……、ここでスタッフはあわてることなく、代わりのケーブルをあたかも「コンサート上の進行」とでも思えるような動作で差し替えて、プレーヤーも「ここでケーブルを代えるのが演出」という様子で何事もなかったように、またギターを弾きはじめた。

コンサート終了後に、いっしょに行った友達にそのことを話すと、
「え？　そんなトラブルには気が付かなかった」
というくらい自然だったのだ。やっぱりプロは違うのだ。

撤　収

本番が終了したら、ご苦労さん……ではなく、撤収が待っている。むしろ、この撤収が一番大切かもしれない。

というのも、ホールは時間単位でプロダクションと契約して貸し出しをおこなっている。もし、撤収時間が契約した時間を過ぎれば超過料金を払わなくてはならない。これがPAの撤収の遅れが原因となると信用問題にもなり、次の仕事が来なくなるからである。

仕込みは、第1章から第3章まで機器の説明をおこないながら解説したため、流れ的な手順は省いたが、撤収は手順を踏んで説明する。

撤収の手順 [1]　観客が帰るまで

　コンサートが終了しても、観客が1人もいなくなるまではBGMを流しておくため、メインスピーカーとアンプは電源を切らないでおく。モニター系統はアンプのボリュームを落とし、電源スイッチを切る。BGMを流しているのでミキサーには電源が入っているため、マイクは原則的にそのままにしておく。

撤収の手順 [2]　観客が帰ったら

　観客がすべて帰ったら、BGMを止める。メインのスピーカーのアンプのボリュームを落としてから電源スイッチを切る。
　すべてのアンプの電源が切れたのを確認したら、接続されているプロセッサー類の電源を切ってから、ミキサーの電源を切る。ミキサーの電源を切ったら、各ケーブルを抜いて片付けていく。

撤収の手順 [3]　ステージ上の撤収

　ミキサーの電源が切れたのを確認したら、マイク、DIをケーブル

からはずし、それぞれのケースに収納する。マイクは無神経にその辺りに置いておくと踏まれたり落とされたりするので、最優先でしまう必要がある。撤収はPAだけではなく、照明、プレーヤー（プロの現場ならボーヤ〔プレーヤー側のスタッフ〕）が入り乱れておこなうので、特にマイクのケアには注意しよう。

また、スピーカーケーブルをはずし、マルチケーブルとコネクターボックスもはずしておく。

撤収の手順 4　スタンド類の撤去

マイクスタンドは、しまってあったもとの状態に畳み、マイクスタンドのケースにしまうか、邪魔にならない場所に集めておく。

撤収の手順 5　ケーブルを巻く

ケーブル類、特にマイクケーブルは「8の字巻き」をしなくてはならない。この八の字巻きをいかにスムーズにスピーディーにやる

かでスタッフとしての力量が問われてしまう。なぜ、8の字巻きにするかというと、普通の巻き方ではケーブルがよじれてしまうからだ。

また、巻きはじめは左手にメスの端子がくるようにするのも鉄則。メスを左手に持って右手で巻いていけば、巻き終わりはオスの端子になり、このオス端子側でケーブルをしばることになる。マイクを接続するのは、メス端子になるので、しばったクセがステージ側にこないようにするためである。

ただし、ケーブルにあらかじめ巻くための紐などが付いている場合があるので、その場合にはケーブルで縛らず、紐で縛っておくこと。

8の字巻きの方法は次ページで写真付きで解説してあるので、参考にして欲しい。マルチケーブルも手に持つのか床に置くかの違いだけである。ただ、50メートルもあるマルチケーブルは、通常の輪の状態にできないので、本当の「8の字」に巻くこともある。

● COLUMN

要は8の字になっていればいいのだが、僕はかつての現場で、20代のアルバイトのスタッフ（女性）が、これはもう「芸術的」と呼んでもいいほど鮮やかな8の字巻きを見たことがある。構えからスピード、そして仕上がりといい文句の付けようもないほどだった。今でもその姿を思い出しては、ケーブル巻きと格闘している。

第4章 現場での操作と流れ

8の字巻きの方法

①左手でメス端子の方を持つ。

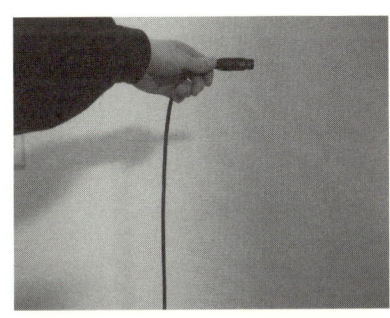

②右手でケーブルを順手に持ち、1回り目を巻く。

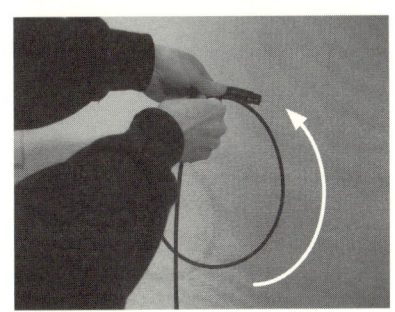

③右手を逆手にする。

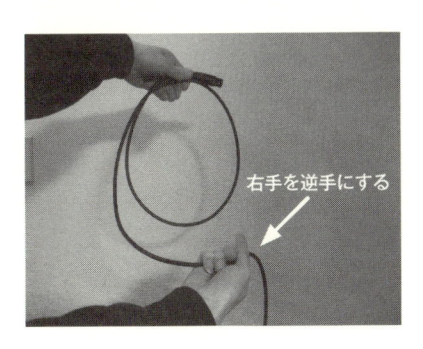

右手を逆手にする

④2回り目は逆手で巻く。

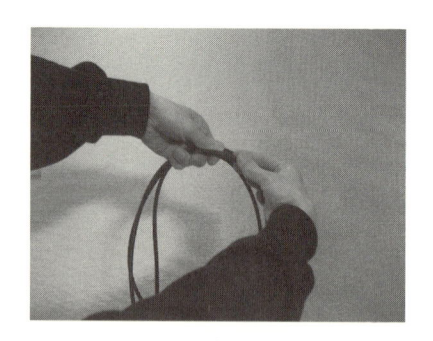

これを繰り返していく。

⑤最後はオス側になるので、縛る。

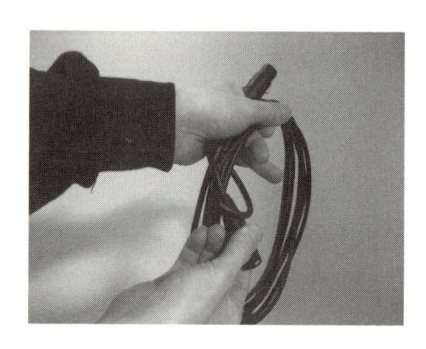

また、手順③を逆手にせず、順手のまま引っ繰り返す、という方法も見られる。

● COLUMN

輪の口径に決まりはないが、会社によっては輪の長さを1メートルとしている会社もある。こうすれば、何巻きしてあるかでケーブルの長さが判断できるからである。

積み込み

　すべての機材をまとめたら、機材車に積み込んでいく。たいていの場合はスピーカー類から積み込みはじめ、最後はアンプやプロセッサー類などを収めたケース（またはラック）になることが多い。これは会社、現場によって相当異なるので、参考程度に覚えておこう。

　これで現場の終了！　ご苦労様でした！

　というわけで、この4章では、現場での実際の流れ、操作などを学んだね。スタッフとしての立場、エンジニアの立場、そしてプレーヤーとしてもリハーサルから本番までの手順を、この章を通じて確認しておいてほしい。

第 5 章

各章の補足

第1章から第4章までPAで使用する機器の役割や接続方法、そして守らなければならない決まりなどを解説してきた。その中で流れを理解してもらうために割愛している事項などもあるので、この章ではそれらの補足をしておこう。機器のパラメーターの詳細、そして音響で使われる単位、さらにエンジニアの心意気（？）についても触れている。まあ、読み物的な部分もあるので、参考にしてもらえればよいと思う。

テープについて

　テープといっても、今はほとんど使われることのない録音媒体としてのテープ（カセットはまだあるか）の話ではなく、貼るテープのことである。

　現場で一番使われるテープは「ガムテープ（略して"ガムテ"）」で、それこそスタッフはおろか、エンジニアも常に携帯しているものだ。これは、ちょっとケーブルをまとめたり、設置する位置（プレーヤーの立ち位置など）を特定したり、とにかく現場ではなくてはならない必需品である。このガムテを貼ることを現場では「バミる」と言う。

「ちょっと、ボーカルの立ち位置、バミッておいて」
というように使われるのだ。

　ここで注意するのはガムテの素材だが、これは「絶対に布製」と

いうことだ。正確な意味でのガムテープというのは、

☐表面に光沢がある、紙製のテープ＝クラフト粘着テープ
☐布製で、布目に沿って手でまっすぐ切ることができる＝布粘着テープ

の2つがある（出典：Wikipedia）のだが、現場では、布粘着テープのことを指す。

　布製を使えば、ハサミがなくてもまっすぐに切れるし、はがすことも容易だ。紙製を使うと舞台の表面にくっついてはがれなくなり、舞台関係者に大目玉を食らう。

　そして布製は細かくまっすぐに切れるので、ちょっとしたメモにも使えるし、特に立ち位置は×印をつけるのだが、細く切って簡単に×印を作れる。これほど重宝するものはない。

　よって、PA会社では箱詰めで購入しておき、不足のないように努めているはずだ。

　これをケチったり、忘れて現場に行ったりして、舞台関係者に、
「すいません、ガムテちょっと貸していただけますか？」
なんて言うほど恥ずかしいことはない。

▲このように細くちぎって×印を作り、そこにマジックなどで項目を書いておく

その他のテープ

「ビニールテープ（こちらは"ビニテ"という）」を使うこともあるが、こちらははがせないことはないが、粘着質が表面に残るので、舞台関係者に必ず許可をとってから使用すること。

また、ミキサーのチャンネルの割り振りを書くために紹介した「ドラフティングテープ（ドラテ）」は、もともと製図のために使用する極めて粘着力のないテープを指す。現場が終わったら、次の現場のためにさっさとはがせることから多用されている。われわれのいう「ドラテ」は、Scotch社から発売されている幅18 mmか24 mmのもの。文房具屋あるいは製図を扱っている店舗で購入できるはずだ。

▼ガムテとドラテ。どちらも現場の必需品だ

● COLUMN
「ビニテでかえって大混乱！」

　ビニテを使う場面としては、多数の出演者が登場するイベントくらい。色を分けてバンドごとに立ち位置を決定するようなときに「ある程度仕方なく、目安として、ないよりあった方がいいかな」というくらいだ。

　僕がビデオ収録もあり、多数のバンドが出演する大掛かりなイベントに参加したときに、参加スタッフの中に、
「俺は、PA会社を渡り歩いてきたベテランスタッフだ。みんな俺の言う通りに動いてくれ」
と宣言した人がいた。彼のズボンのベルトには10種類ほどの色別のビニテが鈴生りになっていた。嫌な予感はしたのだが、そのとき僕はPAエンジニアとしてではなく、シンセサイザーのオペレーターとして参加していたので、あまり口を出すこともできなかった。

　しかし嫌な予感は的中してしまった。彼は、出演バンドのリハーサルが終わるたびに、そのバンドの立ち位置をすべてビニテで貼りはじめたのだ。
「こうしておけば本番で出演者が変わるとき（"転換"という）にものすごくラクになる」
と彼は豪語していたのだ。

　いざ本番がはじまると、実際には、転換時は照明が極端に落とされる。他のスタッフも彼も暗いステージ上ではビニテの色の区別などできるはずもなく、何の楽器なのか、そもそもどの出演者がどの色なのかがきちんと伝達されていないので、ビデオスタッフも含めて現場は大混乱に陥った。収録時間は大幅にオーバーし、会館の料金は倍増、そしてあとにははがしにくい無数のビニテだけがステージ上に残った……。

インピーダンスについて

インピーダンスは、スピーカーの項でも説明したとおり、抵抗の一種である。なぜ単純に抵抗と呼ばないかといえば、「交流電流の際の抵抗」だからだ。

まあ、小難しい理屈はさておき、このインピーダンスというのはDIのところでも解説したが、ハイインピーダンス（略して"ハイインピ"）、ローインピーダンス（略して"ローインピ"）という高いのか／低いのかで表現される。楽器の入力／出力、機器の入力／出力、つまり受け渡しで関係してくる数値なのである。

■ 結論

「おい、いきなり結論かよ」
と言うなかれ。途中を省いた方がわかりやすいのだ。かなり強引だが、

"音響機器"ではローインピーダンスがよい

ということである。

たとえば、背の高い（たとえば2mくらいの長身＝ハイインピーダンス）A君と、背が低い（たとえば1.5mくらい＝ローインピーダンス）B君がいて、この2人の体重が同じ60kgだったとする。当然、

B君は多少太めになる。

このとき体重＝電流と考えてほしい。つまり、

「A君でもB君でも運べる電流量は同じ」

ということだ。

ちなみに2人の歩行速度も同じだと考えておいてほしい。ちょっとB君は歩くのが大変だ。

A君が建物（ケーブル）の中を歩くと、天井に近いので蜘蛛の巣やらほこりをたくさんかぶることになる。背が高いのはトクなことばかりじゃないということだね（そうだゾ！　背が低くたっていいんだ！）。そしてこの蜘蛛の巣やらほこりが「ノイズ」ということだ。高い位置は普段掃除が行き届かないので、いつでもノイズに見舞われている。

しかし、B君は背が低いのでこのような蜘蛛の巣やらほこりとは

無縁で、大変なのは歩くことだけ、ということになる。ここでまず背が低いB君（ローインピーダンス）が勝ち、ということになる。

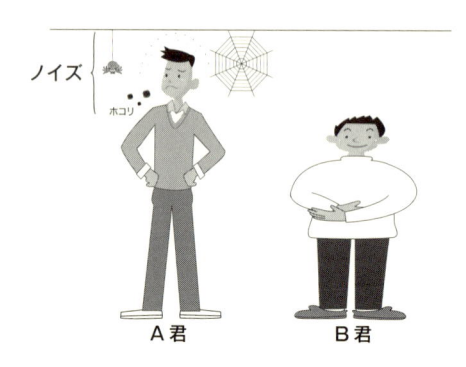

ノイズ

A君　　B君

また、ケーブルの中だけではなく、次の機器へ接続する際の話になると、機器は信号を受けるとき、前述のとおりローインピーダンスで受ける方がノイズを受けないことになるので、入力は当然ローインピーダンス仕様になっている。ここに長身のA君（ハイインピーダンス）が入ろうとすると、背が高すぎて入れない。ところがB君（ローインピーダンス）は多少太めだが、すんなりと入ることができる。この点でも背が低いB君の勝ち、ということになる。

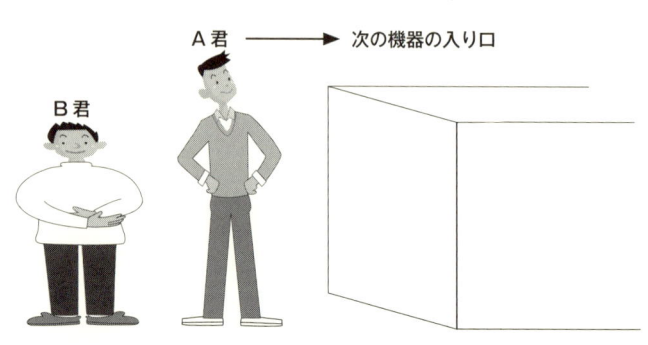

A君　　　→　次の機器の入り口

B君

では、なぜ、楽器の出力（ベース、キーボード）はわざわざノイズの多いハイインピーダンスになっていて、いちいちDIをかませてローインピーダンスに変換するかというと、

「もともとの設計がハイインピーダンスで、その音が楽器らしいから」

ということになる（かなり強引だが）。

実際にローインピーダンス出力を持ったエレキギター／ベース、キーボードもあるにはあるが、積極的に使われていない。これは、ノイズ面には多少目をつぶっても、ハイインピーダンス出力の本来の楽器音を優先しているからである。

よって、ローインピーダンス受けになっているミキサーに強引にギターを突っ込んでも音はほとんど出ない。これは、ギター音が長身のA君状態になっていて、受けるミキサーの方が低いので入れないからである。

ちなみに本書で解説している1640のチャンネル1、2にはハイインピーダンススイッチ（Hi－Z〔Zとはインピーダンスのこと〕）が付いていて、このスイッチを押すとハイインピーダンスの楽器を受けられるようになっている。

> ● COLUMN
>
> ただし、全部が全部厳密にローインピーダンスだと、ハイインピーダンスの機器がまったく接続できなくなる場合も出てくる。よって、かなり曖昧な基準だが「ハイ受け、ロー出し」、つまり入力するにはある程度のハイインピーダンスで受けて、出力する際にはローインピーダンスで出す、という暗黙の了解がある。

デシベル（dB）について

　PAだけに関わらず、音響機器すべてに関連する単位「デシベル」、これは記号では「dB」と略されるので「デービー」と呼ばれるのが一般的だ。

　なぜ、dが小文字でBが大文字かというと、もともとは電話を発明したとされる「ベル」という人の頭文字をとって、本当は「B」という単位になるのだけど、水などの容量を表すデシ（デシリットル）のdを補助的に付けて1／10だと表しているのだね。

　カタログで機器の性能を表す際にも、そしてミキサーのフェーダーにも、さらにグライコのツマミにも書いてある。

　そしてdBは、実は1つの単位ではなく、dBm、dBv、dBwなど、デシベルの後ろにさらに記号を付けてさまざまな場所で使われる。

　僕がPAの仕事をはじめたときというのは、このdBがやたらとうるさく言われていた時代で、何かというとdBの問題に行き当たった。というのも、上であげたとおり、さまざまな単位があり現場でも混乱していたからだ。

　で、何を表しているかというと、根本的には「音の大きさ」なのだ。

　面倒なことに、人間の耳は相対的に音を感じるようにできていて、電圧を倍にしたから聞こえる音の大きさが倍になるとか、そういう単純なものではない。

これを物理的に表すと、

$$dB = 20\log_{10}\left(\frac{V}{V_0}\right)$$ ※ V=出力電圧、V_0=入力電圧

ということになる。

これにインピーダンスの話やら、0.775V（ボルト）などの話しが加わって非常にややこしいし、さらにプロ用音響機器に家庭用の機器（民生機）が混じると本当に面倒な話になる。

そして、ちょっとこれらのことをかじった"自称エンジニア"様たちが「この卓は2デシでさ、どうだこうだ、ああだこうだ」と得意げに語り散らして（多分僕の周りだけだったのだろう……と思いたい）、僕ら新人アシスタントを悩ませたものです、ハイ。

でも、幸いに近年では、機器側、というか機器の製造メーカーと機器を使う側との暗黙の了解というか、定説がなんとなく生れてきたようで（別に話し合いに立ち会ったわけではないし、話し合いがおこなわれたという説もないけど）、

0 dB ＝規定レベル
dB SPL ＝音圧レベル

この2つだけに注目するようになった。

規定レベルというのは0 dBのことで、ミキサーのフェーダーにも付いているし（1640で"U"だったね）、見たことがあるはず。要するに、音をブーストもカットもしないで送る基準を0 dBだと覚えて

おくだけで、現場では惑わされずにすむのだね。

そして音圧レベルはスピーカーなどの出力の大きさを表すだけ、ということ。

本当にこのdBを現場で実際に使うのは、グライコの操作くらい。
「なんか、ちょっとこもってるな〜。ねぇ、ギターのモニターのグライコの1kHzを3デシ下げて」
とかね。ここであなたは「3dBということは、電圧のときは〜」なんて考えず（だいたいそんな対数の公式、誰が覚えているか、っての！）素直に、相応する目盛り分下げればいい。

ただもしもあなたが、将来的に音響機器設計の分野に携わろうとか、機器の改造まで目論んでいる場合には、きちんと勉強する必要があることをお忘れなく。

ミキサーのEQについて

グライコはスピーカーチューニングやモニターのハウリング対策で詳細を書いたけれど、ミキサーのチャンネルモジュールに装備されたEQについてここで説明しておく。

EQには、グライコのように周波数をいくつか（プロ用なら31分

割）に分けて、つまり調整できる周波数が固定されているものもあるのだけど、調整したい周波数を自分で設定できるものもあるんだ。これを「パラメトリックイコライザー（略して"パライコ"）」という。この場合たとえば、2kHzをブースト／カットしたいというときには、ツマミを2kHzに設定して、ブースト／カットするという手順になる。ただし、これがいくつもの帯域（バンド）に分かれ過ぎていると、何でもできてしまう分、音がよくわからなくなってしまうのだね。

本書で例にあげているOnyx1640では、ミッドを2つの帯域（ローミッド、ハイミッド）に分け、しかもそれぞれの調整できる周波数を調整できるようになっている。これは、楽器の音が集中するミッドだけパライコにしてある、ということになる。実際操作してみればわかるのだけど、ギターやボーカル、コーラス、スネアなどはこのミッドの帯域で音作りができるので、ここだけ念入りに調整できるよう2つの帯域に分け、さらにパラメトリック化してあるということになる。

正確にはこのように周波数を変更できるタイプを、「スイープタイプ」とか「ピーキングタイプ」などと呼ぶこともある。カタログなどでは「ミッドはピーキングタイプを搭載し……」などと使われる。

1640では、ハイとローは特定の周波数から上または下を一定の割合でブースト／カットするようになっている。ハイとローは「ハイがうるさかったらツマミを左に回す」「ローが少ないと思ったらツマミを右に回す」という直感的な作業の方が現場ではやりやすいからだね。このタイプを「シェルビング」と呼んでいる。

● COLUMN
「定かではないし、誰も解説していないが」

「スイープ」とは、「可変(自由に変化させる)可能」という意味。余談だが、サッカーで現在は"リベロ(=自由に動き回る)"と呼ばれるポジションは、もともと"Sweeper"と呼ばれていたとのこと。僕はあまりサッカーに詳しくないのでよくわからんが。

「ピーキング」は「ピーク(周波数の谷)を作れる」という意味。

「シェルビング」は「棚」という意味。

実際の音作りについて

PAでは、迅速にEQで音作り("イコライジング"ともいう)をおこなわなくてはならない。「ここだ!」と狙った周波数が実は違っていて、その操作に戸惑い時間がかかると、プレーヤーからの不信感はもちろん、周りのスタッフからも「この人大丈夫か?」という冷たい視線を浴びせられる。一流のエンジニアならさっさと音作りをおこなってしまうが、現場の経験が浅いとなかなかうまくいかない。特に最初にチェックをおこなうバスドラムでへこたれると、なおさらあとがうまくいかない。

そこで、ここでは小中規模の会場でのバスドラムを例に取り、簡易的に音を作るためのコツを紹介しておこう。

■バスドラムのイコライジング

通常のマイクアレンジをすると、バスドラムは最初「ボム」という感じで会場に響くハズだ。また、バスドラム自体のチューニング、ミュートの加減が悪いと、もっとひどい音で鳴る。

ここで、まずローをカットしてしまう。

「バスドラムでローをカットしたら、きちんとした音にならないんじゃない？」

という疑問もあるかもしれないが、バスドラムはアタックが響けばバスドラムの音と感じることができるし、"本当の意味で"バスドラムの音を正確に鳴らそうと思ったら、スピーカーが強力でしかも大口径のものが必要になるので、ここではとりあえずカットする。

そして、ここが重要なのだが、「生のバスドラムの音も会場に響いている」ので、PAではアタックの「ダッ」という音を拾ってあげればよい。

この状態でチャンネルのソロボタンを押してヘッドホンで聴くと、きっとスカスカの音になっているであろうが、メインスピーカーと生のバスドラムの音がマッチすれば全体的に「ダン」という音になっているはずである。

まずはローをカットする、そしてアタックの周波数帯、これはローミッドの100Hzから200Hzあたりを探り、ブーストして低音を補う形がよいハズだ。

コンプについて

　コンプは、音を圧縮するもの。この使い方1つでさまざまな音に変化させることもできる重宝なもの。第4章では、リミッター、つまり音量を制限するものとしての働きを紹介したね。はじめてコンプを使うと、これらが何を意味するのかよくわからない人が多いと思う。第一、"圧縮"ということすらわからないハズ。だって、「音を圧縮する」とどうなるかなんて予想がつかないよね。

　ここでは、ちょっとコンプの詳細について解説しよう。

コンプのパラメーターについて

　コンプに装備されたパラメーターは、

☐THRESHOLD（スレッショルド＝圧縮開始点）
☐RATIO（レシオ＝圧縮比）
☐ATTACK（アタック＝圧縮開始時間）
☐RELESE（リリース＝圧縮終了時間）
☐GAIN（ゲイン＝圧縮後の音量調整）

というのが一般的。読んでもよくわからないかもしれないが、（　）内に日本語に訳したものを載せておいた。

コンプの中にはアタックとリリースがないものも多く使われている。これは他のパラメーターの操作によって自動的に変更される仕組みになってるんだ。余計な設定をしなくてもよいというのがPA用に選ばれる要素でもある。

圧縮のイメージ

スレッショルドは、どれくらいの音量が入力されたら圧縮をおこなうかということで、レシオはどれくらい圧縮するか、そしてゲインは圧縮したあとにどれくらい音量を戻すか、という意味になる。

もっとも単純にいうと、設定したスレッショルド以上になると自動的に音量が下がるということだ。

ここで一番わからないのが「圧縮」ということだね。音を圧縮といわれても、どういうことかイメージすらつかないと思う。実際は圧縮することによってさまざまな効果を得られるのだけど、ここではPA的だけに限って説明しよう。

「圧縮は音量を下げるスピード」

と置き換えるとわかりやすい。圧縮比が高い（∞：1）はスピードが速く、圧縮比が低い（1：1）はスピードが遅いと考えよう。コンプなんてきっと家にはないだろうから、ステレオのボリュームで実験してみてほしい。

圧縮比が高い場合、音楽が流れていて、ボリュームを素早く半分の位置まで下げるのと同じ。やってみればわかるけど、すごく不自

然で音がよくわからなくなる。

　圧縮比が低い場合、同じボリュームの位置からゆっくりボリューム半分の位置まで下げるのと同じ。音は自然のまま音量が下がっていく。

　同じ音量を半分にするという行為なのに、片方は聞こえてくる音楽がよくわからなくなり、もう片方は音楽が明確なまま、という2つの結果になるというわけだ。

▼圧縮率（レシオ）が高い場合

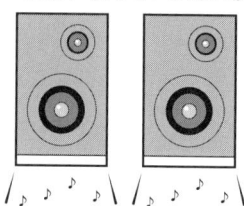

すばやく音量を下げる
↓
音が急激に下がりよくわからなくなる

▼圧縮率（レシオ）が低い場合

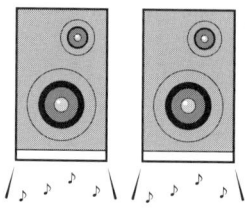

ゆっくりと音量を下げる
↓
音はゆっくりと下がっていくので
自然なまま音量だけが下がる

　つまり圧縮比（レシオ）を高くするということは、音が変化（＝よくわからなくなってしまう）してもいいから、なるべく速く音量を抑えて機器を守るというのが目的なのだね。だからPAでは「∞：1」、とにかく速く音量を抑えるというセッティング（＝リミッター）にするというわけ。

　そしてスレッショルドは、その圧縮がかかる音量を設定するもの

だったよね。スレッショルドを下げる、ということは小さい音でもコンプがかかるということ。常に音が圧縮されているということは、しょっちゅう猛スピードで音量を下げている、ということになる。逆にスレッショルドを上げるということは小さい音のときにはコンプがかからず、大きい音が入ってきたときだけコンプがかかるという仕組みになる。PAではスレッショルドを上げ目（0付近）にしておき、普段の音ではコンプがかからずに、機器を損傷するくらいの大きな音が入ってきたときだけ猛スピードで音量を下げる（コンプがかかる）ようにしているのだね。

楽器にかける場合

■ベース編

ベースのスラップ奏法の場合も同じような理屈。

通常スラップ奏法は、親指で弦を叩き、オクターブ上の音の弦を人差し指または中指で引っ張る（プルという）奏法。このプルのときにやたら音が大きいとうるさい。もちろん優れたプレーヤーがやれば心地よいのだけど、初心者の場合には、この「ペッ」だけがやたら目立ってギクシャクした演奏に聞こえる。

そこで親指の演奏のときにはコンプがかからないようにスレッショルドを上げ目にしておき、「ペッ」のところで音が大きくなったときにコンプがかかるようにする。ベースの場合レシオを高くすると、この「ペッ」で急激に音が下がって、結果音が変化して（ちょっと潰れるような感じになる）カッコよくなる、という現象が起こるの

だ。だから、ベーシストが自分でコンプを接続して演奏することも多いんだ。

　ただ、機器を守るためじゃないから、レシオを∞：1とかにすると音質が変化し過ぎるので、もう少しマイルドに「3：1～6：1」程度にする。

■バスドラム、スネア編

　バスドラムやスネアは、音を「締める」ために使われることが多いので、ちょっとベースとは異なる。常にかかるようにスレッショルドを下げ目にしておき、レシオはやはりリミッターではないので「4：1～6：1」くらいにしておくと、パリっとした感じに仕上がる。

■ボーカル編

　ボーカルは音量差が激しいと特に下手に聞こえるもの。これを補正するためには、スレッショルドを極端に下げ（－30程度）常にかかった状態にしておき、さらにレシオを「6：1～10：1」くらいにしておく。常にかかる状態にすると、結果的に音量が下がるので、ゲインで少しブーストしてあげるとよい。

　アタック（つまりコンプがかかりはじめる時間）とリリース（コンプがかかってからかからなくなるまでの時間）を操作することで、さらに音作りのバリエーションが広がるということになる。各自研究してみてほしい。

PA とレコーディングの違いについて　その1

　PA は生ものである。その場限りの演奏の瞬間を聴衆に堪能してもらうためのもので、レコーディングとはまったく違うものになる。ただし、「記録」という意味で演奏そのものを録音しておく、ということはよくある。ここで勘違いがよく生れるのだが、録音したメディア（MD、カセット、DAT）などを主催者に渡し、それがプレーヤーに渡り、あとで、

「あんな演奏じゃなかったはずだ！」

という怒りのクレームがくることである。
　PA の仕組みがわかっていれば問題ないのだが、相手は PA を「レコーディングスタジオに置いてあるミキサーと同じもの」と勘違いしているのである。
　レコーディングスタジオのミキサーでは、遮蔽されたスタジオ内でマイクを経て、音をくまなく拾い、それを「ミックスダウン」という形で整合して、形（CD など）にしている。それなのに、
「同じミキサー使っているのだから同じようにできるはずだ」
と思っているのだ。

「違う！」
　PA は、会場内で響いている生音が混ざった形で聴衆に届けられる。

つまり、生音がでかい楽器はあまりミキサーで拾わず、生音が小さい楽器はミキサーで大きくしなくてはならないのだ。

よって、ミキサーのTAPE OUTなどから録音したものは「ボーカルが異様にでかく、ドラムがものすごく小さい」のだ。ミキサーのEQの項目で語ったとおり、PAでは生とマイクのバランスで音作りをおこなっている、ということを思い出してほしい。

ここでアナタはこう思うかもしれない。「じゃあ、アーティストのライブアルバムはどうなんだよ？　ちゃんとしたバランスになっているじゃないか」と。

そう。数々のライブアルバムの名盤が存在し、それらはきちんと各楽器がバランスよく収められている。なぜそのようなことが可能かというと、それは、
「回線を途中で分岐させて、PAのミキサーとは関係なく収録している」
からである。つまりPAのミックスとはまったく関係なく収録しているのだ。

マイクやDIから拾った信号を分岐させたうえで、ハードディスクなどのメディアにチャンネルごとに収録しておき、レコーディングスタジオに持っていって、そこで改めてミックスし直しているというわけだ。また、ミスした部分をあとで差し替える（レコーディングし直す）ことも頻繁におこなわれている。これではじめて完璧なライブアルバムができあがるのだ。もちろん、観客の声援、拍手なども別途収録しておき、いかにも「観客と一体となったライブ」が

構築されることもある。つまり、ライブアルバムを作るときには、それ相応の準備が必要、ということになる。

ちなみにどこで分岐させるかというと、ご承知の通りコネクターボックスで分岐させるのだ。コネクターボックスの「パラ(パラレル)」の部分、つまり入力は通常メス端子なっているが側面にはオス端子が付いている。ここから出力が取り出せるので、これを録音用のミキサーへ送り、GAINでレベルを調整したあと、レコーダーに送るのだ。

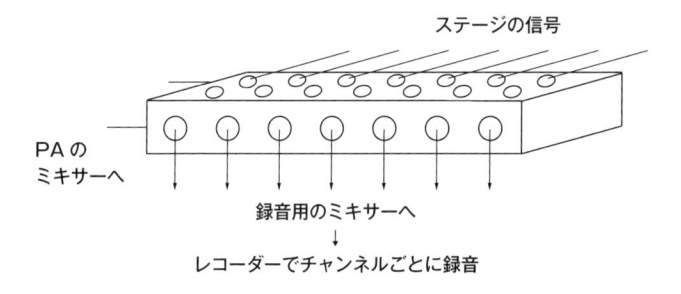

ステージの信号

PAのミキサーへ

録音用のミキサーへ

レコーダーでチャンネルごとに録音

また、ライブハウスなどでは、録音用に AUX SEND を用いたり、別途録音用のミキサーを用意したりして、メインのミックスとは別ミックスで録音できる場合もあるが、これは常設ならではできることで、通常のPAでは無理な話である。

もしどうしても、良いバランスでコンサートを収録したいのなら、PA席の後ろに録音用としてステレオでマイクを立てて、別途MDなどのデッキで録音するのが一番いい方法である。

PAとレコーディングの違いについて　その2

　これは、PAとレコーディングの仕組みについてではなく、エンジニアの心持ちの話である。
　よく、後輩などから「エンジニアになりたいんです」と相談を受ける。「じゃあ、まずはPAのアルバイトからやってみよう」と言う。「いや、PAはやりたくないんです」と言う。「なんで？」とたずねると、十中八九次のような答えが返ってくる。

「僕はレコーディングエンジニアになりたいんです」

と。
　それに対して
「PAもレコーディングも基本は同じだよ。現場を学ぶのはいいことだからやってごらんよ」
と言う。それに対してこれまた十中八九次のような答えが返って来る。

「僕がなりたいのはレコーディングエンジニアなんです」

と。
　さらに話を聞いていくと、
「PAはその場限り」
「ライブは時間に追われる」
「じっくりと音作りをしたい」

「コンサート会場で仕事をしたくない」
「レコーディングこそ音楽作りのすべてだ」
「要は重たいモノを持ちたくない」(オイオイ！)
というような気持ちなのである。

　はっきりと言わせてもらうが、このような心持ちでは何にもなれない。実際、こう主張していたエンジニア志望の若者たちは結局何にもなれず、ある人はサラリーマンへ、ある人は故郷で実家の跡を継ぎ、ある人はフリーターに、そしてある人は消息不明に……という具合である。

　これらの重要な勘違いは、レコーディングエンジニアは「夜中にダラダラと好きなように音を作って、納得のいくよう何度もやり直しがきいて、出勤は午後からで、服装も自由で、ミキサーの前でどーんと座っている」という、一種都市伝説のようなイメージを持っているから生まれるのだ。そういう人に「そこまで言うなら、じゃあ、ミックスやってみてよ」とレコーディングしたデータを渡すと、これが1週間2週間経ってもできあがってこない。聞けば「まだイメージの音と近づかない。これはレコーディングの段階で音がよくないからだ」とかぬけぬけと言い出すのだ。

　さらにはっきり言わせてもらうと、レコーディングこそ時間との戦いで、レコーディングスタジオを借りるのには数百万円以上（もちろんプロジェクトの規模や日程にもよるが）の予算が必要で、しかも納期は、CDの発売が決定していたらそれをどんなことをしても守らなくてはならないのだ。それにこだわるアーティストであれば1晩2晩の徹夜などザラで、アシスタントの立場であれば、風呂にも

入れず家にも帰れない状態が続く。

　時間に追われない仕事などこの世には存在しない、ということを肝に銘じておくと同時に、レコーディングとPAの差別をしているエンジニア志望の諸君、PAでの作業やミックスができてこそレコーディングにも対応できる、ということを忘れないことだ。

スピーカーのマルチチャンネル化について

　本書では、メインのスピーカーはLRで1チャンネルずつを想定して解説してあるが、大規模なコンサートでは、スピーカーを帯域で分けて、それぞれの周波数を担当するスピーカーへ振り分けて鳴らす。これを「マルチチャンネルスピーカーシステム」と呼ぶ。これは1つの信号をロー、ミッド、ハイ（どこかで聞いたことあるね。そうEQだ！）という帯域に分けて、それぞれ専用のスピーカーとアンプを鳴らすということ。この帯域別に分ける機器を「チャンネルデバイダー（略して"チャンデバ"）」、または「アクティブクロスオーバー」という。

第 5 章　各章の補足

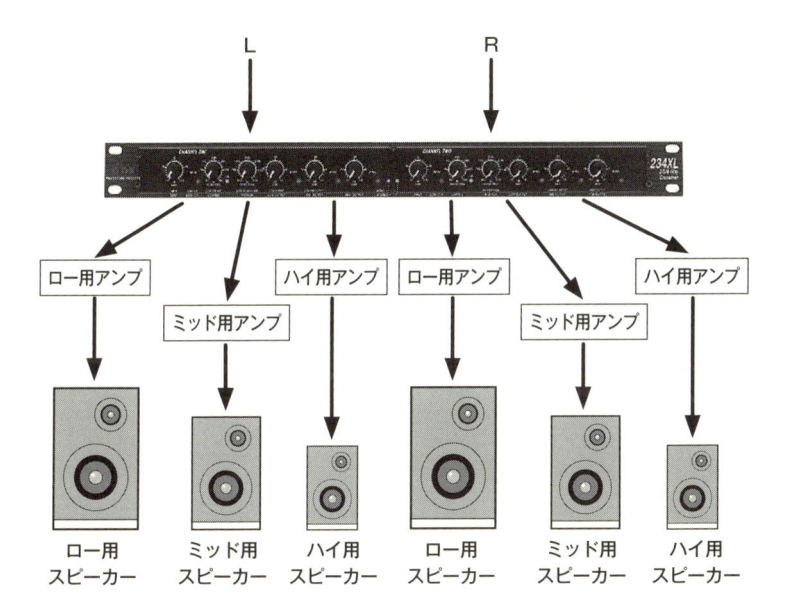

　利点としては、スピーカーの口径によって担当する周波数が異なるので、効率よく音を鳴らせるということだ。

　たとえば、ロー（低音）を効率よく鳴らすには大口径のスピーカーが必要だが、大口径のスピーカーはどうしてもスピーカー自体が大きくなるので、振動の反応が遅い。これでは高い音（＝振動が速い）を出すのに振動がついていかないのだね。

　逆に高い音を出すためには、ある程度振動が速いスピーカー（＝小口径）のスピーカーが必要なのだけど、これではローの音があまり出てこない。

　これらを別のアンプ、スピーカーでそれぞれ分けて鳴らす、というのがマルチチャンネルの考え方なんだ。

欠点は、通常1台のスピーカーとアンプですむところを3〜4台のスピーカーとアンプを用意するので、システムが大きくなり運搬と設置が大変になるということだ。

　最近では、通常のスピーカーシステムにローを増強するスピーカー（サブウーハー）を追加する簡易的なマルチチャンネルシステムの方がもてはやされているようだ。

> ● COLUMN
> 　ちなみに通常のPAスピーカーの中にも複数の帯域別のスピーカーが内蔵されている。3Way（ウェイ）とか2Wayという表示がスピーカーのカタログにあれば、それは間違いなく複数のスピーカーが内蔵されている。このようなスピーカーは、パワーアンプから送られてきた信号をスピーカー内にある「クロスオーバー」で周波数帯域を分けて、それぞれのスピーカーへ信号を送っているのだ。
> 　上記「アクティブクロスオーバー」はパワーアンプに入る前に信号を分割し、「クロスオーバー」はパワーアンプで増幅されたあとで信号を分割する、という違いがある。

モニターミキサーを別途用意する場合について

　大掛かりなPAでは、メインのスピーカーをミックスするメインミキサーと、モニター信号のみを担当するモニターミキサーを分けている。これは、メインはメイン、モニターはモニターというようにミキサーと人間を分けることで、それぞれ綿密な調整をおこなうというのが目的だ。

▼モニターミキサー

　このモニター用に使うミキサーは、通常のメインミキサーを流用することが多いが、モニター専用ミキサーというものもあり、これは少し特殊なもので、チャンネルにフェーダーがないのが特徴だ。つまりメインミックスが目的ではなく、モニター回線だけを送るので、AUX SENDが主な操作になるからだ。これをステージ脇に置き、プレーヤーとコミュニケートしながら、モニターを返していく。メイン

ミキサーはメインのみ、モニターミキサーはモニターのみに専念すればいいので、メインミキサーのエンジニアの負担はぐっと減る。

　回線をどこで分けるかは、ライブレコーディングと同じで、コネクターボックスで分岐させる。メインミキサーのエンジニアの負担はぐっと減るのは確かだが、配線は増えるので、プランニングが重要になる。

　ちなみにメインのミキサーに対して、モニター用ミキサーを「モニミキ」「モニ卓」と呼ぶ場合もある。なんかアイドルグループみたいな名前だが、一応覚えておこう。

　この章では、いわゆる補足をさせてもらった。ただ、PAにはまだまだ覚えなくてはならない知識も多い。あとは現場で実地体験していくしかないのだよ。本だけにかじりついていないで、どんなところでもいいから、現場に足を向ける、という精神を忘れないで欲しい。

おわりに

　PAは、ものすごく大変だが、やり甲斐のある仕事である。

　アシスタントの頃はひたすら肉体労働で何をやっているのか自分でわからないことが多いのだが、ちょっとわかってくるとあれこれと勉強したくなるし、エンジニアの立場になればあれこれと工夫をしたり、あらゆる機器を試したくなったりする。

　冒頭でも述べたが、僕はプレーヤーとしてもエンジニアとしても、そして主催者としてもPAの現場を体験してきた。

　そこには、回線の意味すらわからず右往左往するアルバイトの子や、先輩から「こうやるんだよ」と言われるままに作業をしていて、その作業の意味もわからずに黙々と仕事をこなす人。そして自分のことだけを考えPAをないがしろにするミュージシャン、PAを理解せず圧倒的な態度で注文をつける主催者、そして自分の知識と装備に絶対の自信を持ち、ミュージシャンの希望を無視するエンジニア。

　また、アシスタントとしての修行が嫌で、ちょっと現場をかじっただけで、あとは機材を買い揃えて会社を設立し、自己流の知識しかないままの"自称エンジニア"もいた。

　しかし、一流のエンジニア、良い主催者、そして、これが一番肝心なのだが「優れたアーティストと観客」と臨んだ最高級のステージの現場を体験してしまうと、病みつきになり、その感動をまた味

わいたくて仕事を続け、そのような現場を追い求めるようなことになる。

　本書で僕が言いたかったのは、基礎的なことを漠然とでもいいのでイメージでき、現場で「これはこういう流れになっている。もしこれをするならこうすれば良いのではないか」という応用力を身に付けてもらいたい、ということである。1つの会社、あるいは1つの学校でずっと作業をしていると、機械的な流れで現場をとらえるようになり、機器や装備が異なるとお手上げになってしまうからだ。

　これからPAを目指す人、そしてすでに携わっているがよくわかっていない人、今までのPAに不満を持っていた人（ミュージシャン、主催者側）などにぜひ読んでもらい、今後の参考にして欲しいと切に願う次第である。

　また、本文中にいくらか正確ではない記述もあるが、まったくわからないままでいるよりも、「不正確であるにせよ少しは理解できていた方が現場に役立つ」、というコンセプトのもとに記述しているので、現場の先輩、師匠、そして専門家の先生方に「この本ではこう書いてありますが……」などと意見を述べないように。

　それでは諸君の健闘を祈る。

筆者

著者：目黒真二（めぐろしんじ）

略　歴

音響系専門学校を卒業し、後に米・ロスアンゼルスのMI（ミュージシャンズ・インスティテュート）ベース科に留学。帰国後は、ベーシスト／ギタリスト／PAエンジニア／シンセサイザーマニュピレーターとして活動。様々なミュージシャンのバックバンド／制作／作編曲に携わる。また、その経験を生かして、音楽制作ライター／翻訳者としても活動している。

現場で役立つ PA が基礎からわかる本
――ライブやイベントでの音響の仕組みからマイク、
　スピーカー等の接続方法まで PA の基本のすべて

発行日　2007 年 7 月 1 日　　第 1 刷発行
　　　　2021 年 3 月 6 日　　第 9 刷発行

著　者　目黒真二
発行人　池田茂樹
発行所　株式会社スタイルノート
　　　　〒185-0021
　　　　東京都国分寺市南町 2-17-9 ARTビル5F
　　　　電話 042-329-9288
　　　　E-Mail books@stylenote.co.jp
　　　　URL https://www.stylenote.co.jp/

装　丁　GISUKE Design
印　刷　シナノ印刷株式会社
製　本　シナノ印刷株式会社

© 2007 Meguro Shinji　Printed in Japan
ISBN978-4-903238-12-8　C0042

定価はカバーに記載しています。
乱丁・落丁の場合はお取り替えいたします。当社までご連絡ください。
本書の内容に関する電話でのお問い合わせには一切お答えできません。メールあるいは郵便でお問い合わせください。なお、返信等を致しかねる場合もありますのであらかじめご承知置きください。
本書は著作権上の保護を受けており、本書の全部または一部のコピー、スキャン、デジタル化等の無断複製や二次使用は著作権法上での例外を除き禁じられています。また、購入者以外の代行業者等、第三者による本書のスキャンやデジタル化は、たとえ個人や家庭内での利用であっても著作権法上認められておりません。